猫咪心理学

让你更懂猫咪的 89 个秘诀

[日] 壹岐田鹤子 / 著

张丹蓉 / 译

世界图书出版公司

上海·西安·北京·广州

图书在版编目（CIP）数据

猫咪心理学：让你更懂猫咪的89个秘诀 ／（日）壹岐田鹤子著；张丹蓉译. 一 上海：上海世界图书出版公司，2018.9（2020.2重印）
ISBN 978-7-5192-4871-0

Ⅰ. ①猫… Ⅱ. ①壹… ②张… Ⅲ. ①猫—动物心理学—通俗读物 Ⅳ. ①B843.2-49

中国版本图书馆CIP数据核字（2018）第176510号

NEKO NO KIMOCHI GA WAKARU 89 NO HIKETSU
BY TAZUKO IKI
Copyright ⓒ 2015 TAZUKO IKI
Original Japanese edition published by SB Creative Corp.
All rights reserved
Chinese (in simplified character only) translation copyrightⓒ 2018
by World Publishing Shanghai Corporation Ltd.
Chinese (in simplified character only) translation rights arranged with
SB Creative Corp., Tokyo through Bardon-Chinese Media Agency, Taipei

书　名	猫咪心理学——让你更懂猫咪的89个秘诀
	Maomi Xinlixue——Rang Ni Geng Dong Maomi de 89 Ge Mijue
著　者	〔日〕壹岐田鹤子
译　者	张丹蓉
责任编辑	孙妍捷
出版发行	上海世界图书出版公司
地　址	上海市广中路88号9－10楼
邮　编	200083
网　址	http://www.wpcsh.com
经　销	新华书店
印　刷	上海景条印刷有限公司
开　本	880 mm×1230 mm　1/32
印　张	7
字　数	116千字
印　数	13001－20000
版　次	2018年9月第1版　　2020年2月第3次印刷
版权登记	图字09-2017-993 号
书　号	ISBN 978-7-5192-4871-0/B·12
定　价	49.80元

前言

　　猫和人类的初次邂逅，要追溯到大约一万年以前。那时猫对人类的作用，大概只有追捕老鼠、小鸟等猎物来保护收获的庄稼。而无论今昔，猫都用它优美的身姿和可爱的外表诱惑、摆布着人类。无论过程如何，猫和人类都被彼此的魅力所吸引，花费了很长时间相互靠近，渐渐缩短了彼此的距离，建立起像今天这样的关系。

　　就这样，猫已经彻底进入了人类社会，成为我们身边非常常见的动物。**但猫身上仍然有许多的未解之谜和被误解的地方。**比如，因为猫单独狩猎，总被误认为是喜欢独居、缺乏交流的动物。但如果认真观察，就会发现猫的表情是那么丰富，总是用整个身体将当时的心情毫无保留地展现在人们面前。不管是和自己喜欢的猫在一起，还是跟讨厌的猫在一起，它们都在避免毫无必要的交集，十分巧妙地进行沟通。

　　人类想和猫一起生活的话，了解猫与猫之间的交流方法非常重要。**这是因为猫也常常用同样的方法与人类进行交流。**猫是非常聪明的动物，它们在和人类生活时不断学习，也学会了与人之间特有的交流方式。但是，猫咪难得发出的信号，我们却将其无视或意识不到的话，就没有任何意义了，因为交流是无法单方面完成的。如果掌握了猫与人交流的方法、猫本身的习性和行为的含义，看待家猫和路边遇见的野猫就会完全不同，察觉猫的心情也就不再那么困难。

想要百分百理解猫的心情是不可能的，但近年有关猫的行为的研究不断取得进展，很多以前无从知晓的疑问已经水落石出。本书采用了**猫的科学的新近研究成果**，用插画的形式对"猫的行为"进行了浅显易懂的总结。

第一章说明猫的表情、动作和叫声的含义。第二章说明猫咪之间的沟通。第三章说明猫和人之间的交流方式。第四章则聚焦在猫花费很多时间的行为上——睡觉、理毛、捕食、进食和繁殖等，以"猫为什么会有这些行为呢？"的形式对其深层原因进行阐述。我想，猫奴们掌握这些知识一定能派上用场。最后第五章，将介绍一些猫身体的秘密。

猫是一种很有主见的自立的动物。就算它们体型娇小，需要人类喂食，猫和人也是对等的，绝对不能拴上绳子或者关进笼子里饲养。比起"饲养"，还是"一起生活"这个说法更为贴切。对于了解猫咪的人来说，猫是他们理想的"小同居室友"；而对不太了解猫的人来说，猫就是任性娇蛮的"小野兽"。**要和猫咪友好相处共同生活，就要更加了解它们，关心它们。**你越对你的猫了解，越关心猫的心情，猫也就越会对你敞开心扉，你和猫咪的羁绊也会更深。

近年来，家猫的寿命比以前有了飞跃性的增长。我们和猫的缘分，今后一定会更加长久。如果这本书能对你和猫建立幸福关系带来一点启发，笔者将感到无上荣幸。

最后，对帮助本书出版的科学书籍编辑部的石井显一先生和插画师真中千寻小姐致以诚挚的感谢。

壹岐田鹤子

目录

第 5 章　揭开猫咪身体的秘密　　　181

第 1 章

猫的表情、行为和叫声的含义

眼睛传达了什么信号？

眼睛、耳朵和胡须，决定了猫咪的表情。首先让我们来一一进行分析吧。俗话说"眼睛会说话"，我们能从猫咪的眼中读取到什么信号呢？

先来看猫咪眼睛的特征。如果以头盖骨的大小为参照，猫的眼睛非常大，能通过放大瞳孔接收更多的光线。猫的瞳孔能瞬间（1秒以内）迅速变化以调节光线量。因此，在昏暗的地方，瞳孔放大呈圆形；在明亮的地方，瞳孔缩小成一条竖线。而且，猫还能眯起眼让竖线状的瞳孔变得更小。

猫咪眼睛的视网膜外侧有一层叫作"**脉络膜**"的黄色细胞层，可以反射透过视网膜的光线，有进一步增强光线的效果。所以，即使在黑暗中，只要有一点微弱的光线，猫咪就能迅速把目光对焦到附近（2～6米）猎物的动向上。

像这样，猫咪眼睛的构造正是为它这种等黑暗降临才开始捕猎的本性而生的。

有时，即使周围的明暗不变，猫咪瞳孔的大小也会变化。这体现了猫咪**情绪的变化**。看到食物时喜悦的瞬间，玩得正兴奋的时候，或是感到害怕的时刻等，瞳孔都会因肾上腺素的分泌而放大。相反地，当猫咪充满自信地摆出攻击姿势、用慑人的尖锐目光盯着对手的时候，瞳孔就会收缩。这时如果对手用**动作表示认输**，接下来的大战暂时就可以避免。

猫咪眼睛的构造

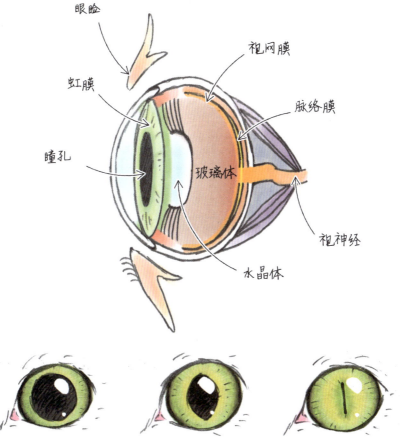

猫咪瞳孔的大小不只随周围的明暗而变化，也随情绪变化而变化。如果猫咪的瞳孔变成一条竖线，说明此时隐藏在草丛缝隙间的猎物它也看得一清二楚。

瞳孔大小	圆形	一般	线状
周围环境明暗	黑暗	普通	明亮的阳光
情绪	兴奋、喜悦、惊骇、恐惧等	正常	攻击姿势

缓慢眨眼的猫没有敌意

有些家猫在跟主人目光相对时会开心地飞奔过来，这是在和人一起生活的过程中，学会了通过目光接触来进行交流的原因。猫咪在求你给它喂食的时候，大大的眼睛望向你，眼中似乎写满"求你了"三个字的场景，想必绝大部分猫奴都不讨厌。

其实，猫咪本来并不喜欢和对方视线接触。有的家猫在被近距离盯着看的时候会感到紧张。况且目不转睛地盯着一只陌生的猫根本就是威胁的行为，绝对称不上是友好的交流方式。

因此，看着陌生猫的时候，最好不要让它知道你在看它。在离猫咪30～40厘米远的地方用目光斜视或者眯缝着眼看它，猫咪的紧张情绪就会得到缓解。

避开视线是表示"我没打算跟你打架"，缓慢眨眼意味着情况没有那么紧迫，而是有"想跟你成为好朋友"的意思，有类似人类的微笑的效果。**如果猫咪对你回以眨眼，就表示它对你没有敌意。**但是，如果猫咪已经感到害怕或采取威吓的架势，转开脸去也无可厚非了。

处于劣势的猫遇到处于优势的猫，往往避开视线，表示"我没打算跟你打架"。但有时候它们会闭上眼睛，这既是为了缓解当时的紧张，也包含了"我信任你到连眼睛都闭上了，请不要攻击我"的心思。

🐾 一般状态下的眼睛

🐾 放松状态下的眼睛

眯眼说明猫咪很放松。缓缓眨眼有类似"微笑"的效果。被人正面注视时会紧张，有的猫此时会避开视线缓解紧张，有的则会和主人四目相对催促主人做些什么。

耳朵传达了什么信号?

猫的耳朵由 32 条肌肉构成（人类只有 6 条）。猫能够保持头部不动，左右耳分别 180 度旋转，使面部表情极为丰富。猫能听到的声音频率最高可达 7 万赫兹（人类最高到 2 万赫兹），能听到人类听不到的频率很高的超声波。因此，据说猫能准确地判断 20 米以外老鼠微弱的吱吱声和声音的来源。

为了捕捉如此微弱的声音，猫的耳朵能像天线一样自由地活动，听到什么特别的声音，它就会立刻竖起耳朵向着声音传来的方向，集中注意力寻找声源。如果猫咪的样子有些紧张，竖起的耳朵小幅度颤动，说明它正在听我们听不到的声音。

不过，猫咪动耳朵**不只是为了捕捉声源，也表达了它的心情。**怒气值满点、处于攻击模式的猫咪，耳朵会竖立着向外张开，让自己的耳朵后侧尽可能多地被对方看到，以示威胁。如果同时瞳孔缩成一条细线的话，说明它已经要采取行动了。

但是实际上，猫会露出这样表情的情况很少，大多数时候它们的表情里都混杂着不安。如果猫咪的耳朵向外张开，但又有一些耷拉的感觉，这时猫咪虽然感到害怕但也没办法，只能发出呼——哈——的声音威吓对方，如有必要可能采取攻击。

如果猫咪的耳朵耷拉在后面，从正面完全看不见的话，这种状态下猫咪的恐惧已经达到了极点。此时猫咪会缩小自己的身体，藏起耳朵，恨不得消失在现场。

猫科动物中耳朵较长、耳尖生有长毛的大山猫（lynx），

耳朵的表情更加丰富。这是因为它们的尾巴比较短，需要用耳朵来补充尾巴未能传达的信息。

题外话，许多野生猫科动物的耳朵背都有一种叫作**虎耳状斑**的白色斑点。小猫跟在猫妈妈后面看到这个记号就不会跟丢，而且在威吓对方时也可以强调耳朵的作用。

🐾 普通模式

🐾 攻击模式

🐾 威吓模式

🐾 防卫模式

通过耳朵的动作可以读取感情。许多野生猫科动物如塞班岛猫，耳背有白色斑点，它们用这些斑点来吓唬对方。这也是小猫跟着猫妈妈的时候防止走失的记号。

03 抖动胡须意味着什么？

猫左右两侧分别平均生有 24 根胡须，又被叫作**触毛**，只要稍微触碰一下就会做出敏感的反应，将信号迅速传递到大脑皮层。这是因为胡须的毛根部**处于比其他的毛更深的毛囊内部**，这里同时集中着血管和神经。触毛除了胡须以外，还长在眼睛上方、下巴和前腿后侧。

猫能够利用触毛感知空气微弱的流动，"看到"四周大概的空间构造。因此，猫在黑暗之中也可以不碰撞到任何障碍物，自在地行走。

胡须在触碰到障碍物时，眼睛会反射性地闭上，起到保护眼睛的作用。此外，猫咪也是用胡须来测量，迅速做出判断自己能否通过狭窄的缝隙。

当猫逮住老鼠等猎物的时候，并不能看清楚眼前的东西，但它们能用胡须迅速感知老鼠毛的生长方向，瞬间判断从哪里给它致命一击。

像这样，胡须是**十分重要的感觉器官**，如果不小心剪掉了猫的胡须，它们会非常不知所措，平衡感和距离感都会受到妨碍，更重要的是会受到不小的精神打击。

胡须的毛囊中有一种叫作横纹肌的肌肉，因此猫咪抖动胡须也表现了它们心情的变化。平时，胡须放松地自然伸向两侧；当猫咪发现让它兴味盎然的东西，或正在探索、玩耍等时候，胡须就会在左右两侧形成一个扇形，稍微伸向前方。攻击模式下的胡须也是如此。

相反，当猫咪不安和害怕的时候，胡须就会伸向后方，像要贴上脸颊一样。还有猫咪在努力压制自己的恐惧，发出"呼——哈——"的声音试图威吓对方时，胡须就会随着嘴巴的动作，向左右张开成扇形，似乎想让自己看起来更凶神恶煞一些。

胡须有很多的作用，胡须的朝向表现着猫的心情。活动时和攻击模式时胡须朝向前方；害怕的时候，猫咪会尽可能地让自己看上去小一些，胡须沿着脸颊朝向后方。

威吓时用胡须强调自己的"凶神恶煞"

尾巴竖立起来有什么含义？

关系好的猫咪会把尾巴竖直立起（有时会把尾巴尖向对方的方向弯曲）互相靠近，用鼻尖碰碰对方，脸和身体侧面互相蹭一蹭来打招呼。这种表达好感的方式，有一种说法认为是来自母猫发情时把尾部翘起的姿势。

然而更有力的说法是"母猫舔小猫时小猫翘起屁股的姿势"。无法自己进行排泄的小猫，需要翘起屁股让猫妈妈舔舐肛门帮助排泄。猫在集体生活的过程中，猫妈妈回到身边的时候小猫兴高采烈地翘起尾巴表示欢迎的姿势，渐渐**演变成了它们互相表达亲近的姿势。**

立起尾巴打招呼这个动作，一般来说地位低的猫比地位高的猫做得更多，母猫比公猫做得更多（特别是母猫对公猫）。这是猫咪表达"我很友好"，完全没有任何敌意的信号。在相距 4～5 米的地方立起尾巴发送信号，对方在远处就能很快接收到。

顺带一提，除了猫以外，其他立尾巴打招呼的猫科动物还有同样是集体生活的狮子，可以说这是**集体生活的猫科动物特有的一种方式。**

猫会在主人外出归来的时候，立起尾巴开心地跑过来，黏在你的脚边，头和身体蹭着你。这可是猫对自己的猫咪小伙伴们才会有的动作，所以说明它已经把你视作集体的一员，在对你表示好感。主人要给猫喂食时，猫咪也会做出相同的动作，这时它们已经完全进入"奶猫模式"，在用像给猫妈妈撒娇一般迫不及待的心情催促你："快把好吃的给我嘛。"

立起尾巴打招呼是昔日小猫欢迎猫妈妈回家的动作的遗留。"妈妈，你回来啦！快点给我吃好吃的。"

立起尾巴是没有敌意的标志。

看尾巴的位置能知道猫咪的心情吗？

05

　　猫咪的尾巴根据品种长短各异，形状和勾向也各不相同。猫的尾部有 14～28 节（一般是 20～23 节）尾椎骨，能做出非常柔韧的动作。猫咪快跑时以尾巴为舵，跳跃和落地时，尾巴也能帮助它完美地保持平衡。**除了保持平衡之外，尾巴还扮演着重要角色，传达着猫咪情绪的变化。**当然，猫咪的心情还要通过当时的状况和猫咪整体的姿势进行综合判断，但尾巴传达的信号一目了然，非常有参考价值。

　　平时，放松状态下的猫尾自然下垂，发现了略感兴趣的东西时会稍微上翘。攻击状态下的尾巴只有根部呈水平，尖部则竖直下垂。随着防卫状态的增强，也就是恐惧的程度越大，尾巴根部就越往上翘。尾巴竖直上翘，就意味着威吓模式已经开到了最大。这时猫咪虽然感到恐惧，却要逞强让自己看上去大一些。跟"翘起尾巴来打招呼"时的尾巴不一样，这时尾巴上的毛倒竖，膨胀得像狸猫的尾巴一样。

　　相反，为了让身体看上去小一点，猫咪会把尾巴隐藏在两条后腿之间，这是害怕的表现。猫咪内心独白："求你了，什么都不要做……"可以的话，从那里一溜烟儿地跑掉或许才是它的真心话吧。

　　说个题外话，无尾的猫咪品种曼岛猫，可能是因为在与大陆隔绝的小岛（英国马恩岛）上近亲交配繁殖，发生了基因突变而形成的品种。没有尾巴是否影响了曼岛猫的运动机能和沟通交流仍不明确，但无尾基因却是一种致死基因，这导致这种几乎没有尾巴的曼岛猫交配生下的小猫死亡率很高，有些脊椎先天性畸形，有些患有神经官能症。因此，一些国家禁止曼岛猫繁殖。

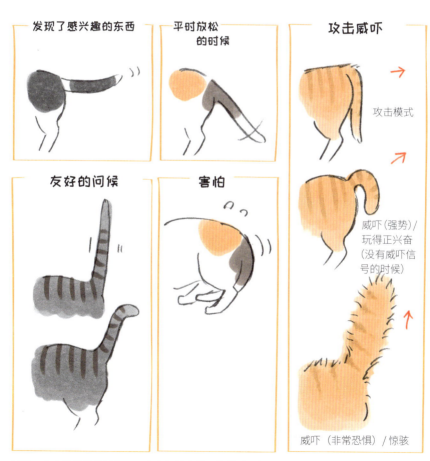

尾巴既有表达的信号的作用，也有保持身体平衡的重要作用。

06

猫摇尾巴代表什么含义？

猫咪神采奕奕地摇摆尾巴尖说明它正兴致大好。比如，当猫找到感兴趣的东西（猎物、玩具等），匍匐身体准备狩猎时，就会剧烈摇摆尾尖，伺机而动。

尾巴从根部左右摇摆说明猫咪正在**矛盾纠结**当中。例如猫想要出去巡视领地，却被什么东西所妨碍（出口关闭等）无法成行的时候，猫就会站在门口大摇尾巴，内心为想要出去却无法出去而烦恼。

散步的时候不知道该往哪边走，或是和其他的小猫狭路相逢，犹豫着是要逃跑还是攻击的时候，猫都会大幅度摇摆它的尾巴。一开始缓缓摇晃的尾巴渐渐像鞭子一样剧烈摆动，说明猫的心情开始激动，焦躁不安。

被主人抚摸时摇尾巴的猫咪也是在艰难的纠结当中，一边想要主人"摸一摸就适可而止吧"，一边又在想"可是好舒服，还想被摸一会儿"。这时猫咪已经开始烦躁了，为了不让它继续焦虑下去，最好在它发作之前停止抚摸的动作。

猫咪睡觉的时候听到主人叫它的名字，常常也会摇摇尾巴以示回应。这时的猫咪再次陷入纠结：是跑到主人身边陪他一会儿呢，还是有点困了就这样睡了呢？

尾巴是猫咪活动的时候保持平衡的重要工具，同时**也帮助它们维持着"心的平衡"**。

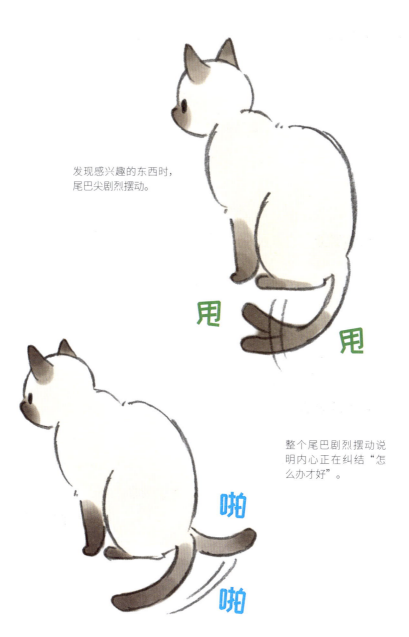

发现感兴趣的东西时，尾巴尖剧烈摆动。

甩　甩

整个尾巴剧烈摆动说明内心正在纠结"怎么办才好"。

啪　啪

07 攻击和防御的姿势分别是怎样的？

到此为止，我们对猫咪面部和尾巴表达的情绪已经有所了解，接下来将结合身体动作继续分析。猫的心情要结合面部表情、尾巴的位置和动作、整体的姿势，以及当时的状况等进行判断。

在猫的社会里，两只猫相遇时为了避免无用的争吵，有一些**默认的姿势**。因此，猫跟猫之间很少有造成致命伤害的激烈打斗。

首先，典型的攻击姿势是四肢伸长、抬高腰部这个威风凛凛的姿势。在未做绝育的成年公猫身上常常可以看到，尾巴的根部沿着背部，稍往上伸，尖部竖直下垂。耳朵一下子竖起，能看见背面一侧。瞳孔缩成一条细线，怒视对方。这也是一个宣告**胜利的姿势**。

采取防卫姿势的猫会缩起头，弯曲四肢，放低身体，是一个准备逃跑的姿势。尾巴缩进身体下面，耳朵背向后方，尽可能让身体看上去小一些。这时，肾上腺素分泌，瞳孔放大。猫咪已经恐惧到恨不得立刻落荒而逃了，是一个**认输的姿势**。

这个防卫的姿势在面对人的时候也经常出现。这时，不要继续靠近它是最好的选择。虽然猫做出了认输的姿势，但如果无路可逃，猫咪就会放弃这个动作，伸出前爪当作武器，誓死防卫自己的身体。

自信满满的胜利姿势（干劲十足）（上图）和失败的姿势（好害怕，好想逃跑）（下图）。

左边是攻击姿势。耳朵竖立，怒目而视，尾巴左右摆动，心想："多余的家伙，放马过来！"右边是转而采取防御的猫。耳朵下垂，尾巴藏在身体下面，心想："不要过来！再近一点我就要用喵喵拳对付你了！"

08 威吓的姿势是什么样的？

猫和猫之间，并不一定是互相做出胜利的姿势或认输的姿势就能搞定。有时候也会互不相让，因此有种介于两者之间的**威吓姿势**。这种威吓的姿势是蜷曲背部形成**拱形猫背**，身体侧面向着对方，使出浑身解数让身体看上去大一些，有些虚张声势的味道。

这时，猫心跳加速，肾上腺素分泌，瞳孔放大，位于毛孔里的立毛肌（参考 184 页）收缩，尾巴和背部的毛倒竖而起，这是为了让身体看起来更大，给对方施加压迫感。然而实际上猫已恐惧到极点，走投无路以后，才会用这个姿势威吓对方，避免争斗。养在室内的猫咪，在突然受到惊吓时，也会反射性地做出这个姿势。

虽然统一叫作威吓姿势，但是也有倾向于攻击还是防卫的微妙区别。后腿蹬直，腰部抬高时偏向于攻击；后腿微屈，腰部微收，准备逃跑时就是防卫。

此外，还可以看表情和尾巴的位置。耳朵背向后方，奓毛[*]的尾巴藏在身体下方时，就可以读到它内心深处的恐惧。相反，耳朵立起来，奓毛的尾巴形成一个倒 U 形，说明它虽然害怕，但还是有和对方一决高下的气势。奓毛的尾巴向上翘起，说明攻击或防卫的意图都达到了顶点。

猫在做出威吓姿势的同时，还会发出威吓的吼叫声（参考

---

[*] 奓毛：奓读 zhà，北京俗语。意指猫受惊或发怒，毫毛耸立，骤然膨胀，以恫吓对手。

28 页）。

　　而且，猫有时会把伸展猫背的动作作为早起的伸展体操。人们练习的瑜伽中，也有**"猫式"**这个动作。这时，头部向下，身体完全伸展，不是威吓，所以毛也不会倒竖。

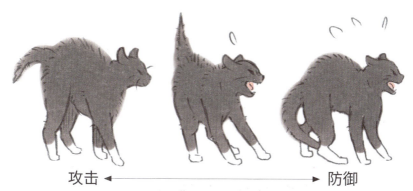

攻击 ◄──────────────────► 防御

威吓姿势根据耳朵和尾巴的位置不同，有攻击和防御的微妙差别。

嗯嗯嗯

抬～高

拱背姿势（左）和猫的伸展动作（右）。拱背的姿势不是威吓，而是睡起来后的伸展体操。

猫有哪些叫声呢？

意想不到的是，猫的叫声在哺乳动物中实属多样，用声谱图分析猫的叫声，能够区别的声音有 23 种之多。但是很遗憾，这些声音在人类的耳中无法全部分辨。

猫与猫之间用叫声交流，仅限于猫妈妈和小猫崽、成年猫的发情期，还有威吓和攻击时表达情绪的时候。猫和猫的"日常对话"，是用气味和身体语言完成的。

和人一起生活的猫，逐渐学会叫声是吸引主人注意的有效手段，开始"跟人说话"。对于想用会话交流想法的人来说，猫的叫声也是**了解猫的心情的重要信号**。结合身体语言和当时的情况，认真聆听猫咪的叫声，猜测它们想对你说什么。

在这里，我们把经常听到的猫的叫声，简单地分为 3 组。猫的叫声可以根据嘴的开合程度和声音高低（频率）进行分类。

① "咕噜咕噜"和"咕咕"，嘴巴几乎在闭合状态，从喉咙里发出的声音。一般是心情好时的叫声。

② "沙——" "哈——" "呼——"等威吓的时候张开嘴巴发出的声音。还有"呜呜——" "呜噢——"等即将发动攻击时的叫声，"啊——"的攻击时的叫声，表达激烈的情绪。

③ "喵" "喵呜"，一般经常听到的猫叫。张开嘴发出叫声后闭上嘴巴，这是家猫和主人之间的交流手段。

接下来，逐个进行分析。

猫的叫声有"咕噜咕噜""咕咕""沙——""哈——"呼——""呜呜——""呜噢——""啊——""喵"和"喵呜"等。

什么时候猫咪会"咕噜咕噜"叫？

猫无忧无虑心情大好的时候，会不张嘴地从喉咙里发出"咕噜咕噜"的声音。出生不久的小猫崽，在猫妈妈怀里喝奶的时候，不管是吸气还是吐气，都会持续发出这个声音。猫妈妈感到小猫崽发出咕噜咕噜的振动，就能安心地闭上眼睛，小猫崽也感受着猫妈妈发出的咕噜咕噜的振动，安心地依偎在妈妈身边。

这种咕噜咕噜的声音，**对猫妈妈和小猫崽的交流起到重要的作用**，小猫长大一些以后，想和成猫一起玩的时候，就会一边接近它们一边发出咕噜咕噜的声音。此外，成猫之间互相靠近的时候发出咕噜咕噜的声音，是在表达"我不想和你打架"的意思。

关于猫发出这种声音的构造一直有各种理论，但有一点毋庸置疑，声音来自**喉头**。有一种说法认为，呼气和吸气时气息流动，形成喉头的肌肉群急速痉挛，使声门有节奏地振动，发出咕噜咕噜的声音。咕噜咕噜的声音发出的时候，呼吸的频率也高于平时。

喉头肌的活动产生于位于中枢神经系统里的神经回路网，被称为**中枢性模式发生器**（central pattern generator）。不可思议的是，有的猫从呱呱落地到濒临死亡都会发出咕噜咕噜的声音，而有些在相同环境下长大的猫却从来不发出这个声音，所以也存在个体差别。

猫咕噜咕噜的叫声是小猫崽和猫妈妈之间不可或缺的交流。成猫之间也会用这个声音来表示没有敌意。

生病和受伤的猫咪有时也会发出咕噜咕噜的声音,因此,可以认为这种声音有调节心情、缓和疼痛、促进骨骼和肌肉痊愈的作用。实际上,研究表明,猫在发出咕噜咕噜的声音时,大脑会分泌一种叫作脑内麻药的物质β内啡肽(具有提高快感和镇痛作用的一种神经性肽),猫的咕噜声的频率能够促进骨骼再生,和骨密度强化的频率几乎一致。

话说回来,这个咕噜咕噜的叫声对人意味着什么呢?猫咪躺在主人的腿上,享受着抚摸,眼睛眯成一条线,心满意足地发出咕噜咕噜的响声,简直就像沉浸在当小猫崽的时候刚刚从妈妈那里喝饱了奶以后无比幸福的心情之中。心满意足的时候自不必说,也有的猫看见主人就会一边发出很大的咕噜声一边靠近,似乎是想向他要求点什么。

也有研究表明,猫的咕噜声平均频率为 26 赫兹(20～40 赫兹),而宠物猫在表达恳求(尤其是要求食物)的时候发出的咕噜声要比一般的咕噜声的频率高出几倍(220～520 赫兹)。这种频率较高的咕噜声给人一种走投无路的感觉,大概是猫在和人类一起生活的过程中学会的。因为和人类婴儿的哭声的频率(300～600 赫兹)比较接近,让听到的人无法无动于衷。**看来猫对人"咕噜咕噜"的时候,也把心满意足和提出要求区分得一清二楚。**

人类也能从猫的咕噜咕噜中受益。抚摸正在咕噜的猫,那舒服的振动可以起到舒缓神经、缓解紧张、降低血压,以及安眠的效果，甚至还有镇痛作用。实际上，2010 年，澳大利亚医生以猫的咕噜咕噜的低频率为基础，开发出了一种低频生物学刺激疗法，将其命名为"猫的咕噜咕噜治疗法（Katzenschnurr Therapie）"，用于治疗慢性疼痛。

刚出生的小猫眼睛还未睁开，耳朵也听不见，只能依赖于猫妈妈"咕噜咕噜"的振动。咕噜咕噜是猫妈妈和小猫之间、猫与猫之间、猫与人之间沟通方式的一种，也有缓解压力和镇痛的作用。

"咕噜咕噜""好舒服"。

什么时候猫咪会"咕——咕——咕——"地叫？

　　猫咪有时候会闭着嘴巴发出"咕——咕——咕——"的类似鸽子的叫声。这种叫声比喉咙里发出的"咕噜咕噜"声大一点，但又没有打招呼的"喵——"那么大，正好处于两者之间。

　　猫妈妈在给出生4～5周的小猫崽带来老鼠等小型的猎物，叫小猫"过来这边"的时候会发出这个声音。小猫崽听到妈妈的呼唤，就会放下心来喜洋洋地朝猎物走过去。家养的猫把老鼠之类的"小礼物"带给主人的时候发出同样的声音，可以认为是这一行为的残留。

　　不同的猫发出这个声音有很大差别，比较"话痨"的猫会发出清晰的"咕——咕——咕——"的声音，而沉默寡言的猫发出的"咕——咕——咕——"却小到无法听清。距离稍远一些的话，向着猫朋友和主人打招呼的时候，或者凑在关系好的猫朋友身边发出"咕——咕——咕——"的话，有时候简直像在聊天一样，这正是**在好朋友身边打开了话匣子**。

　　这个"咕——咕——咕——"有时会和"喵"组合在一起。**这是饱含着爱意对对方发出的声音**，发出这种声音的时候猫咪必然是心情愉快，脸上写满了心满意足。

　　这个"咕——咕——咕——"的声音还会在其他许多状况下发出。比如猫睡觉的时候，稍微用指头戳一戳叫它起床，它就会半梦半醒地发出咕咕声，像是在说"干什么"一样。放松地睡着觉，果然心情很好吧。

咕——咕——喵—— 咕——咕—— 咕——咕——咕 ——咕——咕——咕

睡着的猫也会发出"咕——咕——咕——"的叫声。

威吓和攻击时会发出什么声音？

猫发出"沙——""哈——"这种威吓的声音，让人想起爬行类动物，尤其是毒蛇。出生后才过了几天，眼睛都还没有睁开的小猫崽，无师自通地张开嘴巴就会用"哈——"来吓唬对手（不过小猫崽连牙都没有长出来，完全一点都不恐怖），可以说是猫**与生俱来的习性**。

这时不只声音，猫还会呼出温热的气息，龇牙咧嘴地吓唬对方。因此，如果人对着猫呼气，大部分的猫都会感到不爽。

为了发出这个"沙——""哈——"的声音，猫要把嘴巴张大，舌头两端上卷，急促地呼出气流。呼吸更加急促的话，呼出的就不只是气息，同时还会有唾液喷出了。

猫咪总是内心害怕却还要逞强。这时，它们可能会伸出小爪子，一记喵喵拳朝着你飞过来，一定要小心噢。

猫和猫打架的时候，随着攻击程度的提高，威吓的声音会变成"呜——噢——"的吼声。随着猫变得更加兴奋，吼叫声变得更大，嘴巴的开合程度也越来越大。随着吼叫而来的攻击也不再是喵喵拳，而是有可能扑上来咬住对方。公猫之间大打出手的时候，还会发出"啊——"的大叫。

即使不是这样紧急的状况，猫有时候也会发出"哈——"的叫声。比如有两只彼此认识的猫，**处于劣势的一只在另一只的虎视眈眈之下，会不情不愿地把地方让给对方**。这时，失落的猫就会留下一句退场台词般的"哈——"，悻悻地离开此地。

宠物猫很少对主人发出威吓的声音，但是撸猫或者给它梳理皮毛的时候，如果对猫发出的信号（目不转睛地盯着你的手、耳朵略微耷拉、摇尾巴等）视而不见，猫咪焦虑的情绪达到顶点的话，只好忍无可忍地像是说"够了"一样发出一声"哈——"。

哈！

舌头两侧向上卷起，急促地呼气，发出"哈——"的威吓声。

猫拳！

发出威吓声的时候，喵喵拳会飞过来噢。"臣服吧！喵——"

瞪　哈！

左边的猫想坐椅子，用目光威慑着对方。右边的猫无心战斗，虽然不甘心，也只能满脸恐惧地"哈——"一声后从椅子上跳下去。左边的猫夺取椅子阵地成功！

"喵""喵呜"是想表达什么意思？

　　刚出生的小猫崽冷了饿了不会说"喵呜"，而是更类似于"咪咪"地叫。猫妈妈听到叫声，就会立刻回到小猫崽身边。之后，小猫崽直到断奶之前都会用"喵呜"来告诉妈妈自己肚子饿了。猫妈妈则用叫声呼唤、警告、安慰小猫崽。这个"喵呜"的叫声，**是猫妈妈和小猫崽之间重要的交流手段**。

　　随着猫和人类一起生活，"喵呜"也渐渐发展成和人交流的手段。因此，从来没被人抱过的猫，就算对人发出威吓声或者吼叫声，也不会发出宠物猫那样频率较高的喵叫。对人发出"喵呜"叫是小猫崽习性的余迹，猫咪进入"奶猫模式"，像向猫妈妈撒娇那样，催促和诉说着什么。

　　猫对人发出短而小声的"喵"是在打招呼，而"喵呜"则是要求"给我好吃的"或"开一下门"等，也可能是猫咪感到疼痛、寒冷等种种不满、不安，表达着此时此刻的种种欲求和情感。

　　随着欲求度不同声音也有变化，欲求度越高，声音就会拉得越长，还会变成低音。

　　猫的饲主大多能够根据当时的状况和叫声的抑扬顿挫等知晓宠物猫"喵呜"的意思。猫清楚地掌握着如何用叫声吸引主人，把注意力转移到自己身上，某种状况下要怎么喵喵地撒娇才能让主人实现自己的愿望。有的猫咪在这个过程中"语汇"不断增加。

相同的"喵呜"根据叫声的长短和音调的高低，蕴含的意思也不同。欲求度越高，叫声就会拉得越长，之后声音变低。

相同的"喵呜"也有许多不同含义

先来介绍一个实验。把 12 只猫在下页所列的 5 种场景中发出的"喵"的声音（提前录好的声音）给 28 个学生听，让他们猜这是猫在什么情况下发出的，结果是平均正确率只有27%。不过，其中真正养猫的学生和爱猫的学生正确率较高，最高正确率达到了 41%。我们从而知道，光从猫的叫声，而且是陌生的猫的声音来判断猫的心情是非常困难的。学习的过程中，**宠物猫和主人之间可能存在着只有双方才能听懂的"方言"**。

但是，如果是每天都和猫生活在一起的主人，当遇到下页所列的 5 种日常状况时，主人可以对宠物猫发出的"喵"声做出分辨。使用声谱图，根据声音的长短和频率的变化，这 5 种"喵"声能够准确区分。

猫发出的"喵"声的频率范围从 400 赫兹到 1200 赫兹，每只猫的叫声也有个体差异。猫咪发出"喵"的声音时嘴巴张得很大，有的猫发出的叫声很小，也有的猫发出的声音很大。同时，声调的高低也各不相同。

一般情况下，随着年龄增长，声调会越来越低。但做过绝育的公猫比未做绝育的公猫，成猫之后发出的"喵"声也比较高。因此，有的公猫会发出跟长相完全不相称的小而尖锐的"喵"声。

和人一样，猫也有话匣子合不上的和沉默寡言的。根据品种不同也有差异，比如暹罗猫和阿比西尼亚猫就是话痨的代表品种。

此外，如果遇到话痨的猫突然变得沉默，或相反地，平时寡言少语的猫突然频繁地发出叫声，很有可能是生病了。根据情况有必要的话要带它去看医生噢。

5种日常状况下宠物猫的"喵"声

1. 得到食物时的"喵"。

2. 扭扭捏捏地欢迎主人回家时的"喵"。

3. 被带到陌生的地方（车里面等）时的"喵"。

4. 在紧闭的门或窗户前发出的"喵"。

5. 主人梳理毛发时用力过猛，有点不爽时的"喵"。

主人应该能分辨自己爱猫的5种场景。其中，1的状态下"喵"声最短，随着数字的顺序声音越长，变成像"喵——呜——"的叫声。

　　这个声音没有包含在 20 页所总结的猫的叫声里，但当猫看到窗外飞过的蝴蝶和鸟儿，有时候会发出"咔咔咔""咳咳咳"或"啊啊啊"等奇怪的叫声。有时发现房间里停在墙上的苍蝇和蛾子，也会发出这种声音。

　　猫咪发出这种声音的时候，嘴巴微微张开，嘴角向后咧，上颚和下颚如同小幅振动般迅速颤动。不过，有时完全听不到声音，或是只能听到喉咙深处发出很小的声音，有时也能清楚地听到。

　　这时，猫的表情看上去有些滑稽，但对猫来说可是十分严肃的时刻。**因为猫与生俱来的狩猎本能在这一刻觉醒了**。猫的胡须指向前方，露出**猎手般野性的眼神**，尾巴有力地摆动，随时要向猎物飞扑过去。大多数猫在这时注意力集中在猎物身上，主人再怎么叫也不理会。

　　急切地想从喉咙里伸出一只爪子来抓住猎物，而爪子却根本够不到的时候，猫就会发出这个声音。几乎是**不甘心到咬牙切齿**的程度了吧。

　　关于这个"咔咔咔"的声音，原来的意思有着多种说法。有一种说法认为猫是在模仿鸟叫引诱它过来，另一种认为猫在活动上下颚做撕咬猎物的练习，或认为猫已经要咬上去了。但是，这些都只是推测，尚未有明确的解释。

"咔咔咔"似乎不会在和其他猫交流的时候发出，但被主人教训的时候，有的猫会发出"咔咔咔"的声音向主人抱怨。我想这时它应该没有在练习怎样一口咬住主人吧……

猫发现小鸟的时候发出"咔咔咔"的叫声。"那只鸟，乖乖等着我来抓你了！喵~"

专栏1 猫对孕妇来说很危险吗？

准备怀孕和已经怀孕的女性如果初次感染弓形虫病，会通过胎盘传染给胎儿，造成不良影响（先天性弓形虫病）。因此，"孕妇不能接近猫"的说法一直不绝于耳。

事实上，孕妇从猫身上感染弓形虫病，再将其传染给胎儿的例子少到几乎没有数据记录。不管是猫还是人，吃了感染弓形虫的生肉都有可能感染，感染之后的猫排出的虫卵（原虫的卵）有可能导致弓形虫感染，但首先猫吃生肉和老鼠的机会少之又少，养在家里的宠物猫又很少和其他的猫接触，所以猫感染弓形虫的可能性微乎其微*。

而且，通常猫只有初次感染弓形虫（一生只有一次）之后1～3周内排出的粪便中才含有弓形虫原虫。这些原虫暴露在外会迅速成长，1～5天内才会拥有感染能力。为以防万一，就算是宠物猫，每天都要戴上手套把猫砂里的粪便取出来扔掉，平时也要彻底地洗手，采取这些措施就能预防感染了。

但是，在合适的温度下，这些原虫在土壤中可以保持长达1年的感染能力，考虑到有的猫会在院子里排泄，应该戴上手套将便便埋起来。当然，完成之后洗干净手，生吃从家庭菜园里采摘的野菜等的时候也要彻底洗干净。

---

* 事实上，即使在不知道的情况下感染了弓形虫，大多数人也已经具有抗体。如果验血以后呈阴性，就不用担心了。

第 2 章

猫之间的交流

毛茸茸　　　毛茸茸

靠紧紧

第一章里我们对猫的表情、身体语言和叫声做了初步的介绍，但还有一种猫与猫之间交流时至关重要的信号，这就是**气味的信号**。

每一只猫都有一种固有的、人类无法感知的气味。特别是嘴巴周围、脸颊、下巴、额头、尾巴根部和肛门周围，以及四足的内侧都分布有分泌腺，从中分泌出一种有气味的**生化物质（信息素）**。猫的气味就像人的名片一样，对猫之间互相了解起着巨大的作用。

猫有**把这种自己特有的气味标记到各个地方的习性（标记行为）**。只要是养猫的人，恐怕都见过猫在柱子、桌子腿（或者猫奴的腿）、开着的门上，把自己的脸和身体、尾巴蹭来蹭去的情景吧？

用爪子抓东西的时候，指尖的气味也会牢牢地留在那里。猫爪留下的抓痕则不只是气味，还给标记留下了一层视觉感。

猫在自己喜欢的地方（经常待着的地方）当然也要留下自己的气味。我们人类的鼻子无法感知，但如果家里养着猫，那么它们的气味一定充斥着整个房间。

几天之内，猫还是可以感知这些气味。嗅到留在某处的气味，它会认出来："嗯嗯，这是我的好朋友小咪的气味。"闻到自己留下的气味，就会知道"我给这里留下气味了"，确认了这块地盘是它自己的，从而放下心来。

如果家里养了不止一只的猫，猫就会想"这里有我的气味，这个是我的"，向别的猫宣告主权。但是，被单独饲养的猫也会在家里到处留下自己的气味，与其说是宣告主权，不如解释成它们是**在创造弥漫着自己气味的舒适空间**。

这一点和我们在房间里贴上喜欢的人的照片或摆上自己熟悉、中意的东西，创造能够放松的环境其实是相同的。

抓东西并不是在磨爪子，而是为了留下自己的气味，强调自己的存在。"好好闻的气味，喵——"

磨蹭

磨蹭

每一只猫都有自己特有的气味，猫和猫之间可以通过气味互相认识。猫到处留下自己的气味会感到安心。

咔哩咔哩

闻闻

好好闻的味道

16

用尿液做标记是为什么？

在猫的各种标记中，用**尿液**做的标记留下的气味最重。未做绝育、避孕手术的成熟猫咪身上经常看到这种做法。发情期的母猫和寻找交配对象的公猫都会用尿尿来传递"正在寻找对象"这个信息。也就是说，尿液标记是对性别、年龄、等级、发情周期等一系列个人信息的公开。

特别是未做绝育的公猫的尿液中含有一种以信息素的前驱物质为原料的**猫尿氨酸**，让人的鼻子在 1 ～ 2 周内都能持续闻到，气味十分剧烈。猫尿氨酸的气味也被猫粮的质量所左右，所以公猫能以此向母猫和对手炫耀自己的营养状态良好，拥有**很强的繁殖能力**。

尿液的这种气味在空气中会渐渐变淡，猫能通过这一点判断信息大概是什么时候留下的。这一点在地盘交界的地方避免猫之间的冲突和战争也起了很大作用（参考 54 页）。

性嗅反射是分析气味的行为

公猫对母猫留下的尿液的气味非常执着，嗅过之后数秒之内，恍惚地半张着嘴，仿佛在"回味"这个气味，会露出一点失去意识的表情。猫的这种反应叫作**性嗅反射**，位于上颚前方、前齿（门齿）后面的犁鼻器等嗅觉器官嗅取气味，对其进行严密的分析。

　　这种信息能直接传到控制着本能和感情的大脑边缘系统。性嗅反射并不限于公猫，有的猫对于除了信息素以外的某种气味（猫薄荷、木天蓼、芳香剂、人的汗液和足部的气味等）也会产生性嗅反射。

　　而且，宠物猫即使做过绝育或避孕手术之后，仍会在家里喷尿。这一点令许多主人很是头疼，但是这时猫是感受到某种压力，通过小便留下强烈的气味以得到安心感，在用自己的方式解决问题。压力的原因可能是外面的猫的气息，或跟一起住的猫关系紧张等，查明原因采取措施非常重要。

性嗅反射

尿液标记是寻找伴侣、预防冲突的重要信息。右图是猫的性嗅反射。

17

关系好的猫之间如何交流？

先来看关系好的猫如何打招呼。首先，我们在第1章说过，互相认识的猫在距离4～5米远的地方，尾巴就会直直地竖起来，互相靠近对方。立起尾巴就是在表达亲近之情。也有的时候是其中一方（一般是处于劣势的一方），会竖起尾巴靠近另一方。

然后，两只猫会用鼻子靠近对方，确认对方的气味，像是在说："真的是小咪吗？"这是因为猫的面部密集分布着散发气味的分泌腺。看起来像在用鼻子接吻，实际上是在**互相确认对方的气味**。

即使是关系好的猫，如果散发出的气味有些不对劲（比如其他动物的气味、动物医院的气味），猫也会反射性地向后退。确认气味这一步完成之后，还要互相闻对方的脸和身体的气味，脑袋、身体、尾巴互相蹭来蹭去地交换气味。之后，有时候还要确认尾部的气味。这是因为尾巴根和屁股周围密集分布着散发气味的分泌腺。

这时候，其中一方（多半是处于劣势的猫）翘起尾巴让另一方嗅它的尾部。这是幼猫让母猫为它把屁股舔舐干净这一行为的遗留。如果是互相闻尾巴，两只猫咪就会不断转圈直到其中一方停下来为止。

问候结束以后，关系好的猫会把身体紧紧贴在一起，尾巴相互交缠着一起散步、舔毛（理毛）、挤在一起睡午觉，偷得浮生半日闲。

　　集体生活的猫互相摩擦脸和身体、理毛，是为了**交换气味，创造集体的气味，共同分享**。散发出相同气味的猫之间不会互相攻击。

①竖起尾巴是没有敌意的标志。

②猫的问候从确认气味开始。首先是脸的气味。

③接下来是身体的气味。

④然后是尾部的气味。

⑤蹭来蹭去。

⑥一起散步。

集体中关系分外要好的猫，特别是在身边（1 米以内）待的时间越长，**互相用舌头理毛**的时间也明显更长。

猫妈妈舔舐小猫的肛门促进排泄，把身上舔干净，使小猫的身体保持清洁。小猫在猫妈妈的舔舐下感受着妈妈温热的身体，喉咙里发出咕噜咕噜安心的声音，从而和妈妈建立起更紧密的联系。

小猫出生大约 4 周以后，就开始自己给自己舔毛，或是和兄弟姐妹互相舔毛。这种肌肤相亲的接触不只让身体保持清洁，而且能起到促进血液循环的按摩和放松效果。而且，帮别人舔完以后给自己舔来交换气味，也能起到增进同伴之间联系的作用。以后，即使小猫长大了，还会和其他的猫互相帮助舔头和脖子附近等自己够不到的地方。

舔毛是对心意相通的猫表达爱意和友情的做法，猫和猫互相舔毛，可以说是相互信赖的证明。

如果家里养了好几只猫，关系好的猫就会给对方舔毛、紧紧地挤在一起睡觉，总之只要看哪两只猫待在一起的时间比较长就对了。热的时候也要黏在一起，把对方当作枕头枕在身上睡觉。如果两只猫从小就在一起，长大以后关系一直好的可能性很高，所以如果想养两只猫的话，一开始就养在一起，更能看到它们关系好的举动。

🐾 如果它们这样交流的话说明关系很好

①翘起尾巴吻对方的鼻子（确认气味）。

②把头、身体、尾巴蹭来蹭去（沾上自己的气味）。

③尾巴交缠在一起。

④互相舔毛，喉咙里发出咕噜咕噜的声音。

⑤天气再热也要黏在一起，枕在对方身上睡觉。

猫之间也有社交距离吗？

人对亲近和喜欢的人立刻就能打成一片，而如果和不认识的人一下子距离太近，就会感到不快和厌恶。这种距离大概有民族差异和个人差异。

社交距离

猫对和其他猫的距离有着强烈的意识，为了保护自己往往和对方保持适当的距离。这叫作**社交距离**。当然，这种距离根据每只猫的社会性、猫与猫的关系，以及同一只猫在不同情况下的反应都有所不同。一般来说，幼猫时期（最晚到出生后8周）和猫妈妈以及兄弟姐妹们一起生活，之后也常常跟其他的猫接触的猫，对比其他的猫更具有社交性。

逃亡距离

有的猫见到对方（不认识的猫或动物）靠近就会感到危险而逃跑。这个有可能逃走的距离叫作**逃亡距离**。尽管有着个体差异，普遍大约为2米。身体的某部位感到疼痛、身体不好的时候，即使在相同状况下，同一只猫的逃亡距离也会扩大，对方还在比较远的地方它也会想逃跑。

如果对方已经接近而自己无法逃跑，猫就会做出威吓和攻击的姿势来保护自己。这个距离叫作**危险距离**。危险距离也根据情况而决定。比如带着小猫的母猫的危险距离可达数米。也就是说，就算和对方还有一段距离，为了保护自己的孩子，也有可能发动攻击。

个体距离

　　猫也有允许交流对象接近自己的**个体距离**。对紧紧地黏在一起睡觉的小伙伴，这个个体距离是"亲密无间"的距离，也就是零距离。同样，对关系好的猫，几乎没有逃亡距离和危险距离，但根据情况有时也会产生距离。比如当突然受到惊吓，或者另一只猫身上有动物医院的气味的时候。

　　即使在家里一起生活的猫伙伴，也会根据对方保持适当距离，有着一种人无法目测的默认的界限。有的猫就算并不打架，也会像在说"不要再靠近了"一样，一边保持着距离，一边共同生活。

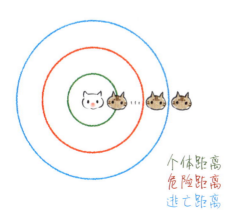

个体距离
危险距离
逃亡距离

猫与猫之间也有社交距离。逃亡距离是指对方再接近的话就要逃跑的距离，危险距离是指对方再靠近的话就要发动攻击的距离，个体距离是好朋友能接近的距离。

猫为什么会有势力范围？

  猫和猫之间也有社交距离，在了解这一点的基础上，让我们来想想**猫的势力范围**。我们之前说过，猫会在很多地方留下自己的气味，这也是为了宣示自己的势力范围主权。这种势力范围，到底为什么存在呢？

  势力范围本来是猫为了确保自己生存所必需的资源（粮食、水、安全的地方、伙伴）的空间。群体行动的动物，比如狗等，一定有等级之分。这是为了避免集团生活中发生种种争端的重要社会规则。

  另外，单独狩猎的猫也有着为了避免和其他的猫发生争端，而保持着一定距离这样一种规则。因此，猫要划定自己（或者集体）的势力范围。

  势力范围的中心，有一个叫作中心区域的**私人空间**，猫在这里度过一天之中的多半时间。以中心区域为中心，猫进行狩猎、定期巡逻的行动范围也叫**活动范围**。对猫来说，越靠近势力范围的中心越具有重要意义，如果中心区域遭到入侵，便要誓死捍卫。

势力范围的边境附近要严密侦察

  猫的大脑里面，有一张清晰的势力范围的地图，每天它都要习惯性地在自己的势力范围里巡逻。

　　由于势力范围常常互相重合，所以在边境线附近，猫都要运用嗅觉，侦察别的猫是不是来过，同时也不遗余力地留下自己的气味。

　　院子里的栅栏、围墙等人造的东西经常成为势力范围的界标，在边界附近，猫除了留下尿液标记，还会故意把粪便拉在显眼的地方。猫会推断对方什么时候会经过那里，根据气味的信息避免碰面，利用时间差使用势力范围，是猫们默认的规则。

　　本来猫在中心区域附近为了不把自己的气味暴露给敌人，也为了保持自己睡觉的地方附近的卫生，有本能地把小便和粪便藏起来的习性。但是，在势力范围的边境线附近，它们却不会把粪便藏起来。这一点无关性别，是具有优势（充满自信）的猫常见的行为。

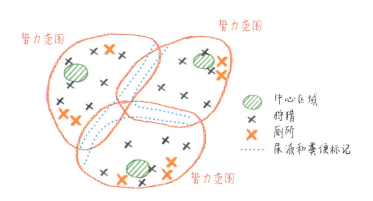

势力范围是猫确保自己生存所必需的资源（粮食、水、安全的场所、伙伴）的空间。猫用圈定势力范围的行为避免和其他的猫发生冲突。势力范围重叠的部分，会用尿液和粪便的记号留下"信息"。

家猫的势力范围大小，根据调查发生的国家、地区、猫的生活习性等有所差异，不能一概而论。根据调查结果，野猫的密度从 1 平方千米 1 只（新西兰、澳大利亚）到 2035 只（日本相岛）不等。

虽然也有个体差异和地域差异，但自由外出的家猫和从人类那里得到食物、生活在人的生活圈里的野猫（地域猫）的活动范围出人意料地狭小，最大不超过 **150 平方米**。这种情况下，猫的饵料也在居住区域里或者附近。

即便是野猫，平常在猎物丰富的地方（渔村、农家等）捕食猎物的同时，间或从人那里得到食物维持生活的话，居住区域能达到 **500 平方米**。

完全不依存于人类，远离人的生活圈，在荒郊野岭单独过着捕猎生活的野生化的野猫，拥有更大的生存空间。猫和猫的活动范围之间都相隔遥远，每只猫都拥有着除了繁殖期以外，从不和其他猫见面的广阔领土。

有人照顾的猫势力范围小

势力范围的大小，取决于食物是否充足，包括是否做过绝育或避孕手术等，以及是否在人的保护和管理下生活。

食物较少的地方，猫就要为了寻找口粮而扩大活动范围。相反，在食物受到充分保障的地方，没有必要和其他的猫争夺粮食，势力范围小一点也没有关系。也就是说，猫的密度增加，必然导致势力范围互相重合。

此外，猫有时不时地换个地方睡觉的习性，所以有的猫在自己的势力范围内有好几个居住区域，排泄通常在中心区域以外的地方进行。

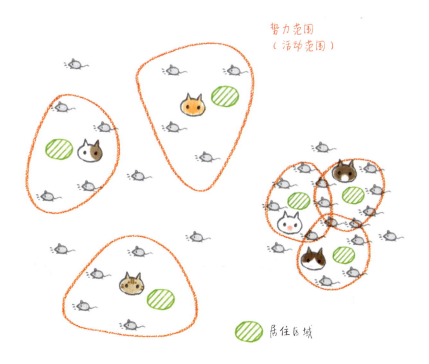

居住区域也叫作私人区域，以此为中心，猫进行狩猎和巡逻的活动范围就是势力范围。猫的密度高的地方，势力范围会互相重合。如果粮食较少，猫的势力范围会扩大，粮食充足的地方则会变小，互相重合。

平均来说，未做绝育手术的公猫的势力范围大小是母猫和做过绝育手术的公猫的 3.5 倍。到了繁殖期，这个差距有时会增加到 10 倍。母猫的发情期到来时，公猫会为了追求母猫而扩大活动范围。

即使是平时从不共享势力范围的公猫们，到了母猫的繁殖季节，势力范围也会发生重合，势力范围的分界线附近，母猫和公猫都会加强标记，而公猫之间则会围绕母猫发生冲突，大打出手。

如果食物能充分保障，对公猫来说，势力范围能帮助他得到母猫的青睐；而对于母猫来说，势力范围是在尽可能安全的地方养育孩子的重要保障。

无关性别，强势的猫也比懦弱的猫的势力范围要大。和未做绝育手术的公猫相比，母猫的势力范围较小，但它们警戒心更强，对自己的势力范围非常执着。母猫比公猫有着更强的守护家园的意识，**特别是带着小猫崽的母猫，往往誓死都要捍卫自己的家园。**

一般来说，离私有领域越远，也就是越往活动范围的边缘，猫的不安感会越来越强。但是，也有的猫拥有着强大的内心，偶尔会入侵到其他猫的势力范围内，甚至一本正经地深入到别的猫的中心区域里。比如，有的猫会跑到附近养猫的人家里去。

公猫在母猫的繁殖期，会为了追求母猫而扩大势力范围，巡逻时更加警惕。未做绝育手术的公猫的势力范围大约是做过绝育手术的公猫以及母猫的势力范围的 3.5 倍。

带着小猫崽的母猫会用生命捍卫自己的家园。猫越接近势力范围中心的中心区域越感到安心。

23 猫在势力范围的边境线上相遇时的规则是什么？

在势力范围的边境线附近，猫会极力小心不和其他猫狭路相逢，但是仍然会冷不防碰见不认识的猫。

这时，如果双方之间有足够的距离（平均大约 2 米），处于劣势的猫就会看向其他方向，避免和另一只猫视线相遇，向它表明"我不想和你打架"这个意思，并且停下脚步，等待另一只猫通过。猫主要通过表情和身体语言等，**本能地判断自己处于优势还是劣势。**

处于优势的猫就此悠哉悠哉地扬长而去，处于劣势的猫等它的身影消失在视线外才会离开。猫的社会里充满互相谦让的精神。这是为了尽可能地避免争端，不想无端消耗能量和大打出手的本能使然。即使受一点小伤，行动受到限制以后，对单独狩猎的猫来说，也是性命攸关的大事。

但也有时候，两只猫会待在原地，等待对方如何行动。这时，猫会通过我们在第 1 章中介绍的面部表情和身体语言的微妙变化取得交流。

不认识的猫之间也会互相嗅气味

此外，互相之间不认识的猫，有时也会靠近鼻子互相嗅对方的气味。这不同于关系好的猫互相问候，而是稍微有些紧张地，身体微微后缩，尽量把脖子往前伸，战战兢兢地把鼻子凑上去确认气味。如果闻了气味以后，一方觉得情况不对发动威吓，对方只好落荒而逃。

如果鼻子的气味确认没问题，还要闻尾部的气味。猫一边不想让对方闻自己的尾部，却又想去闻对方的尾部，因此两只猫总是互相追着尾巴绕圈圈。

最后，或者是一方（处于劣势的猫）停止转圈让对方闻自己的尾部，或者就是一方感到不快吓跑对方。具体情况如何，取决于当时的情况和猫的社会性等诸多原因。

猫有着互相谦让的精神。"我不看你喵。"这种情况下，右边的猫处于下风。

确认气味以后，有时候会威吓对方。

即使如此，在狭小的地方没有互相躲避的空间，或者威吓没有效果，两只猫互不相让的话，还是避免不了大战一场。

体型大小等有着明显差距的公猫和母猫几乎不会发展到打架这一步，所以**互相大打出手的猫，基本上都是雄性**。一般来说，猫之间不会发生造成致命伤的激烈战斗，但在母猫的发情期，竞争者之间还是会围绕势力范围发生激烈冲突。

打架是从极端接近的距离互相瞪视开始的。互相威吓的声音有高有低，但都是远吠般的"呜啊呜啊呜"和"呜啊呜呜啊呜"的声音，这样的"战歌"会长时间持续。这时，在自律神经的作用下，唾液大量分泌，"战歌"间隙会吞咽唾液、舔舐嘴唇。

如果其中一方去咬对手的致命处，会尽量地等待一个从有利的姿势（高的位置）猛冲上去的时机。被咬住脖子的猫，会反身从下方用四肢反击，两只猫毛发纷飞翻来滚去，不停地扭打在一起。

厮打在一起的猫有时会中途休战，互相瞪视，突然开始理毛。这也叫作**转移行为**，是紧张的时候为了平复心情，让自己冷静下来的行为。扭打和休战交替进行，最后将以一方宣告投降（瞄准空隙落荒而逃，或者筋疲力尽地缩成一团）而分出胜负。

胜利者会在逃跑的猫身后数米处佯装追击，或者坐在原地给自己理毛，不会立刻离开。片刻过后，它才会一脸扬扬得意

地离开。双方**一旦决出胜负，胜利者就不会再发动攻击**。而且从此以后，败北的猫看到胜利者都要折返回去。势力范围的"优先通行权"就是这样决定的。

虽然如此，优先通行权只是特定地点、特定时间段的限定优先权。如果胜利的猫接近了败北的猫的中心领域，也会自动折返。在自己的中心领域，无论如何都是对方更有优势。因此，猫基本上从来不会主动发起攻击去抢夺另一只猫的中心领域。

上图是猫打架的规则。从互相瞪视开始，接着威吓。瞄准对方的脖子，调整姿势。猛冲上去撕咬。用喵喵拳和飞踢来反击。反复扭打几轮之后决出胜负。中间会舔自己的嘴唇、舔毛，为了平复心情临时休战。被咬住脖子的猫有时也会反身从下面压制对方，踢着反击。

黄昏和夜晚，在势力范围附近的固定地点，不知从周围哪里来的猫会不规律地聚集在一起。猫的势力范围互相重合，而且居住密度较高的地方常常能看到，在许多国家和地区都被目击。集会有时也在白天举行（有可能只是在聚众晒太阳而已……）。

集会地点有人迹罕至的小巷里、荒原、空地、公园、停车场和屋顶等，大多数都是**中立的场所**。这里既没有粮食，也找不到伴侣，想不出来它们聚集有什么特别的目的。

在其他地方遇见了会打架的猫，在这时也相安无事。它们保持着一定的距离，静静地坐在原地，一会儿顺顺毛，偶尔站起来四处走一走，实在是**和平的集会**。

这种集会有时会持续 1 ～ 2 小时，和聚集来的时候一样，莫名其妙地自然解散。非常遗憾，这种神秘集会的目的人们无从知晓，只能进行推测。

参加集会的经常是同一群猫，从这一点看，我们可以推测，共享部分势力范围的猫聚在一起，看看有没有扰乱猫社会和平的外来者、新出生的小猫、死亡的成员等，可以看作是猫的会面。

在这里见面的成员，地位孰高孰低分得一清二楚，就算在势力范围的边境线上碰头，也不会起大的争斗。可以说这是猫为了维护和平，而创造出的**猫社会交流手段**的一种。

猫的集会是猫与猫之间互相确认的"会面"活动。在世界各国许多地方都有目击。

26 家猫也有势力范围吗？

　　家猫当然也有势力范围。如果是能够自由出入的家猫，它的中心领域就是家，时常出去巡逻的院子和周边地带则是活动范围。

　　如果是完全养在室内的猫，度过一天中大半时间的猫窝或者其他喜欢的地方就是它的中心领域，包括阳台在内能够出入的地方就是活动范围。

　　如果把猫养在一个房间里，中心领域就是沙发上和猫跳台，根据情况，有时中心领域和活动范围几乎是相同的。如果有好几只猫的话，在同一活动范围内，每只猫都有自己中意的中心领域。

　　此外，尽管养在房间里的猫势力范围很小，**但为了满足猫的欲求，需要在居住空间上多下功夫**。比如在房间里制造让猫能够上下活动的空间，能安心地躲藏起来的空间，磨爪子的地方和能够观察外界的地方等。而且，要经常和猫玩，增加近距离接触的时间，让猫在房间里也能幸福地生活。

如果养了好几只猫，要给每一只猫各自的势力范围

　　在房间里养着好几只猫时，让每只猫都有能够安心休息的地方（中心领域），有进食、喝水、排泄的地方非常重要。母猫和小猫崽、兄弟姐妹、从小一起长大的猫，还可以一起分享

中心领域。但如果不是这些情况，即使是看起来关系不错的猫，也要让它们各自拥有不受打扰能够放松的地方。

如果猫咪之间关系不好，势力范围越小，就越容易发生冲突。猫的社交距离（参考 46 页）需要充足的空间。而且，猫不和其他猫共享中心领域。迎来新成员的时候，先住在那里的猫就会觉得自己的势力范围遭到了侵犯，有时甚至会攻击新来的猫，需要**非常注意**。

养在院子里的猫

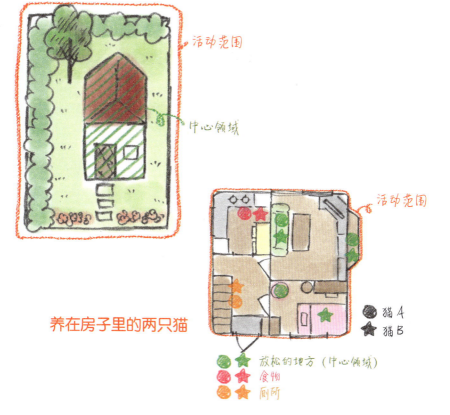

活动范围

中心领域

活动范围

养在房子里的两只猫

猫 A
猫 B

放松的地方（中心领域）
食物
厕所

27 猫会共享势力范围吗?

　　我们一直认为单独狩猎的猫,都有着各自的势力范围,并单独生活。但是,我们渐渐发现,在食物和空间都很充裕的地区,猫也会适应环境形成**群落**,维持着松散的社会关系,进行集体生活,活动区域几乎百分百重合。当然,有的猫如同"孤狼"一般独自流浪,而具有一定社会性的猫,能够很好地适应集体生活。

　　关于野猫的群落有许多的研究报告,它们的生活方式可以用"十人十样"来形容,实在是五花八门。猫对环境的适应,也证实了它是一种**十分具有适应力的动物**。

　　众所周知,猫创建群落互相帮助养育幼崽。雌性幼猫成长为成猫之后会继续留在集体当中,血缘关系密切的母猫有着强大的团结心。雄性幼猫长大以后,必须要离开集体,寻找自己的势力范围。母猫的群落只有在繁殖期才会和周围的公猫分享势力范围。外来的母猫一般无法加入这个群落。

　　此外,还有一只公猫和数只母猫组成的"一夫多妻"式的群落,还有公猫和母猫混杂的群落。这种情况下,雄性成员改变,雌性成员也几乎不会改变。

此外，最强的首领公猫和年轻的公猫之间有一种可以说是**"兄弟"般淡淡的联系**。当然，年轻的公猫不会立刻被群落内的猫当作自己的伙伴般接纳，在无休止的打斗之后，最终会被承认为兄弟。但是，首领公猫年纪大了以后，就会输给力量变强了的年轻公猫，世代交替的时刻终会到来。

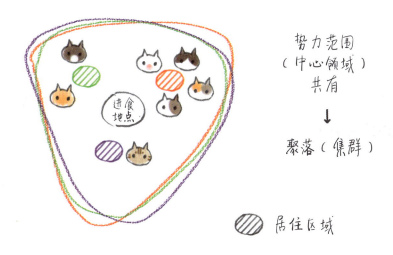

在野外生活的猫，生活方式五花八门。有的会顺应环境集体生活。有的猫在活动范围几乎百分百重合的群落之中集体生活。

28 猫也有像狗一样的等级之分吗？

在进行集体生活的同时，建立群落生活的猫也产生一定程度的社会秩序，可以认为是有了**等级之分**。

等级较低的猫接近其他猫的时候总是翘着尾巴，让对方来闻自己尾部的气味。通过这些猫和猫之间问候的身体语言，也能推测它们的等级。

等级之分并不是等级高的猫对等级低的猫施压，而是猫要奉行"和平主义原则"，这是一条通过等级低的猫礼让等级高的猫，为使得集体内猫和猫的社会关系保持安定，能够相安无事、和平共处的原则。

但是，猫的等级之分并没有明确的纵向划分，是**根据情况变化的流动关系**。一般来说，未做绝育手术的猫比做过绝育手术的猫等级要高，其他比如性别、年龄、体重、头部大小等，也是重要的参考。

此外，等级较高的公猫比起其他公猫，进行尿液标记的次数更多，对重要的资源（食物、水、舒适的场所）都有优先取得的权利，时不时还会对地位低的猫怒目而视，毫无道理地对对方动手。不过，群落内等级高的猫不会对等级低的猫表现出攻击性，攻击性只针对群落外部无关紧要的猫们。

关于食物，公猫也比母猫具有优先权（先吃的权利），而且体型大、年纪大的猫也比体型小、年纪轻的猫具有优先权。

划分等级的标准对公猫来说年龄老幼为主要参考，而对母猫来说体型大小则是主要参考。但是，4～6个月的小猫崽，不只被母猫分外宠爱，在公猫那里也受到优待，吃食的时候拥有优先权。

但是，不久前进行的一项关于城市（意大利罗马）中猫的群落调查显示，不只公猫，母猫也可以拥有进食的优先权，等级划分当中母猫处于优先地位。母猫较多的母系社会集群中，公猫的地位似乎岌岌可危。

关于这种进食的优先权，也有人认为"公猫更加宽容"，或"公猫在和其他的猫一起生活的过程中，攻击性有所缓和"。

位于等级划分顶点的首领猫，未必会被发情期的母猫选作"恋爱的对象"，从这一点来看，猫的社会关系是相当复杂的。

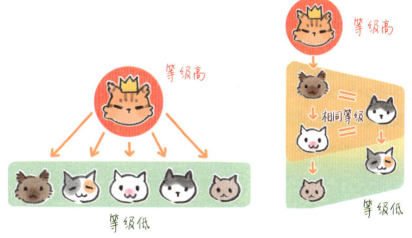

在团体中，集体生活的猫也会形成一定程度的社会关系，但这种关系根据情况不尽相同，十分复杂。

如果养了好几只猫，也会有和群落内相同程度的等级划分。比如，有 3～4 只猫，集体之中自然会产生 A—B—C（A—B—C—D）的纵向排列。猫的数量继续增加的话，也会产生横向的关系，社会关系变得更加复杂。

这些关系会因为一点改变而发生变化，比较不稳定，集体中如果又加入了一只猫，社会关系有时会彻底崩塌，有时候则完全相反，争斗会得到缓解。

家猫基本上都是由饲主选择的，和自然形成的猫群落不同，会有没有血缘关系的猫、不同品种的猫或是猫的气质和年龄差别较大的情况。而且，宠物猫几乎都是已经做过绝育手术。家猫的等级划分是如何决定的这一点，老实说，我们尚不清楚。

但是，对人表现出社会性的外向的猫，在和饲主接触和玩耍的时候，总会率先过来（等级较高），因此，**猫和饲主的关系，很大程度上影响着等级划分。**

狭小的环境是导致"欺凌"的原因

一般来说，等级高的猫会占领位置比较高、安全舒适的地方，不会让与其他的猫，但等级高的猫并非拥有着绝对的权力。等级高的猫未必一定要抢夺等级低的猫占领的地方，在这里还有一条"先到先得"的原则。

家猫拥有充足的食物，等级高的猫相对等级低的猫，未必拥有先吃和独享的权力。有的猫也会尝尝其他猫的食物，或者从旁边把猫盆一把拖走，但不会表现出威胁、攻击的态度抢夺食物。

但是，和猫自然形成的群落不同，猫的密度越高——也就是狭小的房间里养了好几只猫的话，猫和猫不会互相躲避，等级低的猫不避等级高的猫，有时会成为攻击的对象。

监视等级低的猫成为等级高的猫的日常功课，它们一步一步地逼近弱小的猫，自己明明不感兴趣，还要去抢夺睡觉的地方和食物的"小霸王"也是有的。欺凌逐步升级，就会出现欺凌的对象——"被欺凌的猫"陷入 24 小时无休止的压力状态。这时，必须**把被欺凌的猫隔离起来，早点采取对策**。

如果家里养了好几只猫，它们之间也会形成等级划分。一定程度上的等级划分能够维持集体内猫和猫社会关系的安定。等级较高的猫会占领位置较高的舒适地带，但也要遵守"先到先得"的原则。

专栏 2 给猫咪刷牙是必要的吗？

从幼猫时期开始养成每天保持口腔清洁的习惯，能够预防牙周病，也是让猫**延长寿命的秘诀**。特别是以湿粮为主的猫，比起主要吃干粮的猫牙齿更容易脏，也更容易产生牙结石。

最好是从幼猫时期开始就让小猫习惯触碰口腔内部，这虽然很花时间，但成猫以后就能耐心地习惯刷牙。突然给猫刷牙，它一定会很抗拒，首先要在猫神态放松的时候，一边抚摸，一边若无其事地触碰它的嘴巴和牙齿，减少它对触碰口腔的抵抗。接下来，在食指上缠上绷带，蘸取少量热水，试着触碰牙齿。如果在绷带上沾上猫咪喜欢的流食的汤汁，就会产生"绷带碰到牙齿等于美味"的关联。

千万不要勉强，一开始先试一颗牙(犬牙)，只有1秒也可以。把缠着绷带的手指横着伸进口腔，渐渐地增加碰到的牙齿数量，在牙齿外侧轻轻地画着圈擦拭。这时，右撇子的人可以用左手捧住猫的后脑勺轻轻地做一个固定，用大拇指和食指把嘴唇缓缓向上掀起。仅仅用纱布擦拭已经有足够的效果了，有条件的话使用牙刷(猫用和婴幼儿用)当然更加有效。每次30秒左右，每周进行两次。如果实在没有条件给猫咪刷牙，现在市场上也有许多牙齿保健产品，能充分利用就再好不过了。

第 3 章

猫和人的交流

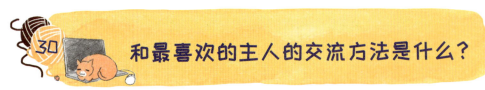

30

和最喜欢的主人的交流方法是什么？

在第 2 章里，我们介绍了猫和猫之间的交流，而猫对最喜欢的主人，也是采取相同的交流方式。

1. 翘尾巴和鼻吻问候

主人从外面回来，或是猫咪散步回来的时候，猫咪会翘起尾巴兴高采烈地跑到主人身边。这是猫咪在幼年时期欢迎猫妈妈回来时的行为遗留，**是表达喜爱之情的举动**。人类的身高太高，没有办法和猫咪互相亲吻鼻尖，但是向猫咪伸出手或手指它也会亲你。

其中，有的猫甚至会像要爬上主人的腿一样踮起后腿，爬上离主人比较近的更高的地方，或者尽力尝试跟在和主人同样的高度亲一下鼻子。但是其实这并不是亲吻，而是在确认你的气味。

有的猫还会翘起尾巴，像是在说"也闻闻我的尾巴呀"似的把尾巴朝着主人，但这绝对不是讨厌主人，而是对主人表达亲近之情的表现。

2. 脸、头、身体、尾巴蹭来蹭去

问候完毕以后，猫咪会把自己的脸、脑袋、身体和尾巴在主人的腿上蹭来蹭去，这是在把位于额头、嘴巴周围、下巴和尾巴根部的分泌腺分泌出的自己的气味使劲蹭上去。所以，有的猫在接触这些地方的时候会猛力地推挤。

当然，主人的气味也会留在自己身上，从而创造出同伴的气味。这种同伴的气味会给猫咪安心的感觉。主人如果发现猫咪在自己身上蹭来蹭去，这说明**你已经得到了作为同伴的认可**。

此外，给猫咪喂食的时候，它们会翘起尾巴缠着主人的腿不放。这也是当猫妈妈带回食物（猎物）的时候，小猫崽时期的习性残留。虽然有时候会被小猫绊倒，但还是尽量放缓行动，注意不要踩到猫咪。

竖起尾巴吻鼻子的问候。
"翘起尾巴过来喵。"
"亲个鼻子打个招呼喵。"

散发气味的分泌腺。翘起尾巴在主人身上蹭来蹭去，有打招呼、标记气味的意味，以及乞求食物的意思。"我蹭蹭蹭蹭，把我的气味留下喵。"

3. 把尾巴缠上去

人在走路的时候，猫有时候会像要把尾巴缠到你的腿上来一样和人并排走。和关系好的猫会把尾巴缠在一起散步一样，这是在表达**亲爱之情**。跟人会和喜欢的人牵着手走路是一样的道理。

4. 互相舔（互相理毛）+ 咕噜咕噜

猫用粗糙的舌头舔主人的手和脸，和关系好的猫互相理毛一样，是向心意相同的伙伴**表达爱意**的行为。其中，有的猫还会轻轻地咬住主人的胳膊，或者用脸和头用力推搡主人的手和胳膊，催促他们快点摸摸自己。

这时，抚摸一下猫咪的头和脖子，这样一来互相理毛就成立了。猫闭上眼睛，嗓子里发出咕噜咕噜的响声时，说明从与主人的肌肤相亲里得到了满足。而且，如果从幼猫时期就养成了梳毛的习惯，有的猫也喜欢放松地享受用刷子理毛。

5. 再热也要黏在一起，把对方当作枕头一起睡觉

如果猫总是待在主人旁边，这说明主人被猫信任着。猫主动地爬上主人的大腿，可以说是**百分百地信赖**着主人了。天气热的时候被猫坐在腿上，可能会有些烦，但是为了不辜负它的信赖，还是在时间和体力允许的范围内欢迎它吧。

此外，随着养在房间里的猫越来越多，很多主人晚上会把猫带进卧室和自己睡在一张床上。

当然，在注意卫生方面，以及情况允许的话，看着猫咪紧紧黏着自己，在脚边、枕边安心地睡得香甜的样子，毫无疑问对主人来说是至高无上的幸福了。

但是，"进入卧室"或者"不能进入卧室"一定要一以贯之。就算你跟猫说"只有周末不许进卧室"，它也是听不懂的。

这样来看，猫对最喜欢的主人，和对关系好的猫采取着相同的交流方式。在这基础上，还会发出小猫崽时期的叫声跟主人打招呼、做出要求，也是和人交流时非常有效的方法，猫对这一点也是了如指掌。

并排走的时候会把尾巴缠上来，如果是人的话就缠上小腿。

主人抚摸猫咪的头和脖子，互相理毛就成立了。（咕噜咕噜）

把对方当枕头一起睡觉。（枕在主人的胳膊上睡觉好幸福喵~）

31

为什么会出现前脚踩踏的动作？

猫咪放松地坐在主人膝上时，两条前腿会有规律地互相揉来揉去地踩踏。我们认为这是幼猫时期喝妈妈的奶时的动作遗留。

刺激猫妈妈的乳房可以**促进母乳分泌**。用奶瓶里的奶喂养的小猫崽也会做出揉来揉去踩踏的动作，因此可以认为这是小猫刚生下来吸上妈妈的乳房时，本能地做出的行为。

成猫以后做这个动作，不知道它是否真的是想起了猫妈妈，但是坐在毛毯、靠垫和主人的膝上，无疑那温暖柔软的触感会让它沉浸在幸福的感觉之中。

揉来揉去踩踏的时候，同时会发出"咕噜咕噜"的声音（这也是开始喝妈妈的奶时，和猫妈妈最初的交流）。有时候也会像吸妈妈的奶一样，用嘴叼住毛毯和毛衣什么的，大力地吮吸起来。

注意不要让猫咪吃羊毛制品

幼猫到第八周左右就完全断奶了，但过早离开猫妈妈的小猫，由于没有得到足够的宠爱，成猫以后还会发生"回到婴儿"吸东西的举动。

这时必须注意**不要让吸东西的行动发展成食用毛制品**。

揉来揉去踩踏的行为不仅限于小猫，还有 4～5 岁的时候突然开始，或一生都没有停止过的个体差异，实际上猫咪是因为什么契机开始这一行为的，我们不得而知。

猫坐在膝盖上时会十分惬意地把前爪握紧再张开，如果这时爪子伸出来了，饲主有时会无意识地露出像在说"好痛！"的神情。这时，拿薄的靠垫和浴巾轻轻地放在膝盖上，暂时扮演一会儿猫妈妈，让猫咪尽情地撒撒娇吧。

小猫崽为了让奶汁加速分泌，会揉捏猫妈妈的乳房。成猫以后，当猫咪沉浸在幸福的感觉中时，也会做出揉捏的动作。揉捏的时候太过用力，让饲主感到痛的时候，给它一个薄的垫子就好了。

把肚子给主人看的原因是什么？

有时候，猫咪走到主人身边，咕咚一下倒在地上把肚子暴露给主人，把手脚向上伸，看着主人的方向。把猫咪的肚子这个可以说是柔软的要害给人看，这是完全信赖着主人，**安心而放松的证明**。

猫咪露着肚子好像很舒服的样子，但当你以为它是想让主人抚摸而伸出手去，喵喵拳和飞踢脚就会飞过来，四脚并用地抓住胳膊一口咬下去的猫咪也不在少数。

虽然猫之间有着个体差异，但腹部总归是十分敏感的部位，不管多么喜欢主人，有的猫也非常讨厌被碰到肚子。每只猫对于抚摸的方法也有不同的偏好，猫咪喜欢被用多大的劲儿、怎样的速度抚摸哪里，要通过日常去把握。

这个咕咚倒地的姿势，是猫咪在幼崽时期和兄弟姐妹们一起玩耍嬉戏的时候经常做出的姿势，因为这也是猫的防御姿势，所以才会**反射性地向主人发动喵喵拳和飞踢脚**。如果手的动作很快，更会激发猫的狩猎本能，反射性地去抓主人的手。这之后，有的猫还会露出"有点不爽啊"的非常不快的表情。

此外，即使猫咪被摸肚子的时候好像很舒服的样子，要是一直摸个不停，或者抚摸的方法不中猫咪的意，它就会渐渐开始烦躁，有时候也会突然发动喵喵拳和飞踢脚。平时要用心观察猫咪的样子，看到它目不转睛地盯着你的手，并把身体横着扭过去，或者开始摇尾巴的时候，就可以停手了。

而且，未做绝育手术的母猫发出歇斯底里的叫声，扭曲着身体在地板上滚来滚去，执拗地黏在主人身边的话，很有可能是进入了发情期（参考170页）。

在主人面前躺在地上露出肚子意味着猫咪充满安全感。虽然如此，猫咪却未必是想让你摸肚皮。

猫咪小时候和兄弟姐妹们嬉戏玩耍，有时会做出防御姿势，所以也会冷不防地使出"喵喵拳"。

33 为什么会爬到电脑键盘和报纸上来呢？

猫咪爬到电脑键盘上面或者附近的最大理由是，因为主人在那里，或者键盘上**散发着主人身上的气味**。第二个理由是，这里有**温热的触感**。而且，猫咪有时候还会津津有味地看着电脑画面。如果播放会动的视频，有的猫咪会坐在主人的膝盖上，和主人一起看起来。

除了键盘，有的猫咪还会灵活地爬到打印机、复印机、电饭锅上面打盹儿，以电脑为首的这些电器有时候温度很高，如果不小心碰到插头，还有可能发生触电事故，所以一定要小心。此外，猫咪的毛夹入机器内部还会缩短电器的使用寿命，还是尽可能让它坐在你的腿上，一起看着电脑比较安全。

是想打扰主人吗？

此外，主人正在读报纸的时候，猫咪会不知道从哪儿冒出来，爬到报纸上面倒头就睡。这时主人自然只能认为它是故意来打扰自己的，但其实猫咪**本来就非常喜欢报纸的触感，因为这能让它想起木头的触感**。比起专门为它买的猫用坐垫，有的猫还是更喜欢躺在读完的报纸上。

如果主人翻报纸的时候发出哗啦哗啦的声音，猫咪被声音刺激，最终忍不住走了过来。可能是猫咪也正好感到无聊了，想找像自己一样（一动不动的）的主人"我来陪陪他好了"。

这时，如果你硬要把猫咪从腿上弄下去，猫咪反而会想"主人果然很闲才伸出手了"，于是，变本加厉地黏上来。猫咪从此便学会了用爬上报纸来吸引主人的注意。

躺在笔记本电脑上的猫咪。

躺在一体机上的猫咪。

猫咪非常喜欢趴在暖烘烘的电脑键盘和会哗啦哗啦响的报纸上。有时也是为了吸引最爱的主人的注意。

趴在报纸上的猫咪。

　　猫与猫之间会保持一定的社交距离，这一点我们在 46 页说过了。毋庸置疑，相同地，**猫和主人之间也有一个社交距离**。喜欢亲近主人的猫咪，可以说是不存在**逃亡距离**和**危险距离**的，但也有的猫咪不喜欢被主人抚摸，总是和主人保持着一定距离一起生活。

　　但是，亲近主人的猫咪根据情况有时也会产生社交距离。比如当身体某个部位疼痛、不太舒服的时候，逃亡距离就会产生，有时候主人一接近它就逃跑。如果主人继续接近，猫咪又无路可逃，可能还会威吓和攻击。

　　此外，如果有和平时不一样的气味（主人在外面接触的其他猫身上的气味、香水的气味等），即使在平时生活的家中没有**逃亡距离**，到了完全陌生的地方，比如逃跑以后在外面碰见的话，逃亡距离就会产生，猫咪可能看到主人也会逃跑。

　　黏着主人、趴在主人的腿上享受抚摸、梳理毛发的惬意的猫咪，对于主人的**个体距离**也是亲密接触的距离——也就是 0厘米。

　　但是，只要有了一次痛苦的经历（疼痛的记忆），恐惧和不安的情绪就会出乎意料地迅速变成一种条件反射。这样一来，在相同的状况下，下一次猫咪就不会再吃这一套了，所以一定要小心这一点。

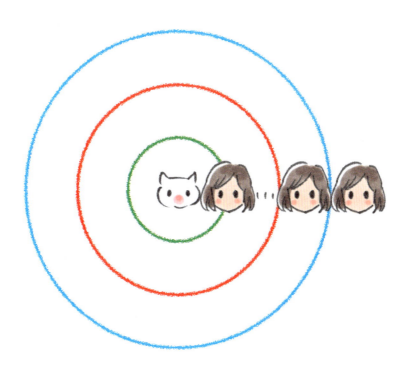

个体距离　主人和猫伙伴能够接近的距离。
危险距离　人类继续接近就会发动攻击的距离。
逃亡距离　人类继续接近就会逃跑的距离。

即使是亲近主人的猫咪，根据情况有时也会对主人产生社交距离。

35

为什么有的猫不亲近人呢？

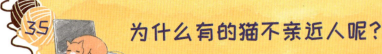

有的猫咪黏在主人身边，丝毫没有戒备。与之正相反，有的猫却和主人总是保持着一定的距离，从不放松警惕。这是为什么呢？

即使在相同的环境下长大，有的猫胆小如豆，有的猫好奇心旺盛，有的猫沉稳，有的猫活泼，每只猫的个性都不尽相同。猫的个性也受到猫爸爸（多半不在小猫身边吧）遗传基因的影响。

但是，猫咪是否亲近人的关键，在于出生后 2～8 周这个被叫作"社会化期"的阶段是如何度过的。

刚刚呱呱落地的小猫崽，只知道在猫妈妈的身边专心致志地喝奶睡觉，但出生以后过了 2 周，就会渐渐开始对周围产生兴趣，开始自由发动五感接收各种各样的刺激（声音、气味、触觉、味道）。此外，一直到出生后第八周，猫咪通过和猫妈妈以及兄弟姐妹的接触，学习如何与猫伙伴进行交流。

这一时期（理想的话直到出生后 12 周左右），让猫咪和猫妈妈、兄弟姐妹们在一起生活，能使它精神上比较稳定，更容易适应社会环境。有了这个基础，猫咪就很容易学会跟其他的猫以及人类相处。不管怎么说，**这一时期让小猫待在猫妈妈身边是再重要不过的。**

小猫热衷于观察猫妈妈对人类的态度，看到猫妈妈对人类不加防备、十分亲近，自然也会知道人类是值得信赖的伙伴。

猫妈妈的存在给小猫带来安心感，猫咪在放松的状态下对任何东西都表现出旺盛的好奇心，**学习能力也能百分百得到发挥。**

同一时期，如果猫咪有机会见到和接触许多类型的人和动物，通过这些愉快的经历，猫咪就能学到这些东西没有必要害怕。和人接触（让猫咪坐在腿上、抚摸猫咪等）的时间，一天保持 30 ～ 40 分钟最为理想，但一天内只要能和人友好接触 10 ～ 15 分钟，猫咪就不会再害怕人。

当然，过了社会期以后和人类的接触也很重要，但只要是在社会期和人类建立过一次信赖关系的猫，此后即使遭到被主人遗弃、受到欺负等不愉快的经历，它也会保持宽容之心，只要人愿意努力，重新取得猫咪的信赖并不困难。虽然这样说，痛苦的经历越来越多，时间越来越长的话，和人重新建立信赖关系也会越来越困难。

小猫出生后 2~8 周（理想的话直到 12 周）和猫妈妈及兄弟姐妹一起生活，就能学会如何和猫伙伴交流。这一时期和人类也能友好地接触，猫咪就会信任人类。

36

客人来了为什么猫咪会藏起来？

即使是亲近主人的猫咪，在陌生的客人到访的时候，也会藏到什么地方去(让对方看不见自己，但能够观察四周的地方)。平时总是死皮赖脸地占据着最好的位置的猫咪，甚至会惊慌失措地径直往前逃窜。

猫是警戒心很强的动物，所以这可以说是**躲避危险的原始本能**。当然，不管是谁来了都不会乱跑，不管是谁都会凑上去，像这样喜欢社交的猫也是有的，但这种类型的猫可以说是非常稀少了。

但是，喜欢亲近人类的猫，片刻以后就会知道客人不会对自己做什么，便会出现在适当的距离之内。如果猫咪害怕某个特定的人（客人），多半是因为以前有过被相似类型的人欺负的痛苦经历，或是客人身上散发出某种气味(其他的猫和狗等)。

接近猫咪要小心

即使猫咪出现在大家面前，客人因为喜欢猫而目不转睛地盯着它，或是不顾它的感受上去抚摸，猫咪会感到被冒犯而落荒而逃。

如果客人想和猫咪搞好关系，就尽量不要盯着它不放，当猫咪走上前来的时候，为了不给它压迫感，最好蹲下身子。此外，以尽量小的动作把手指甲伸给它，让猫咪嗅自己的气味。

猫咪确认气味后表示没问题了，顺势慢慢地、温柔地抚摸它的脑袋和脖子就好。

猫咪非常喜欢玩耍，所以拿着逗猫棒跟它玩，或者给它喂食猫粮，都能够拉近和猫的距离。猫只有自己乐意了，才会接受抚摸自己、陪自己玩耍的人，所以千万不要强迫，**尊重猫咪的心情**非常重要。

如果猫咪非常害怕客人，把自己藏在完全够不到的地方，或者把客人看作"进入自己领地的入侵者"发出威吓的话，为了不让它感到更加恐惧和兴奋，保持距离便可相安无事。

猫咪在客人来访时藏起来是出于躲避危险的本能。如果客人想和猫咪搞好关系，就不要去注意它，而是等它向你靠近。利用玩具和猫粮也是不错的办法。总之一定要尊重猫咪的心情。

37

被人抚摸后开始舔毛是怎么回事？

被客人等不太认识的人抚摸了以后，猫咪有时候会变得急躁，开始给自己舔毛。在人身上做比方的话，这就像我们一和谁握了手以后，像觉得脏一样立刻跑去洗手的行为一样，感觉似乎有些不礼貌。

但是，对猫来说，气味几乎如同尊严一样，是自己存在的证明。喜欢社交的猫出于外交辞令的考量，姑且会允许客人的抚摸，但是如果不把陌生的气味消除，重新恢复自己熟悉的气味就无法安心。对猫来说，有自己和同伴（包括主人）的气味的地方才是最安心的。

猫咪有时被主人抚摸以后也会开始给自己顺毛，这并不是讨厌主人的气味的缘故，而是主人的气味有些太强了，因此要加强自己的气味，**调整气味的混合状态**。还有一种说法认为这是在"品味"最喜欢的主人留在皮毛上的气味，但其真伪就无从考据了。

此外，主人的气味和平时有所不同的时候（在外面接触了其他的猫和动物、用了新的护肤霜等），猫咪也会像被陌生的客人抚摸时一样，为了消除气味焦虑地开始舔毛。

为什么猫咪有时会甩头？

被抚摸之后猫咪有时会甩头，特别是正在散步或者活动中的猫咪，脸和头被触碰、抚摸之后常常会有这个动作。这是猫咪每次被触碰以后，都要把生长在眼睛上方、脸颊、下巴上发挥着重要作用的触毛（参考第 8 页）理好，让它们回到原来的位置。有时还会把被触摸以后折起来的耳朵恢复原状。这是猫咪在调整到"活动模式"，时刻保持**万全的状态**。

　　此外，猫咪如果不断地摇晃着脑袋，很可能是得了耳病（蜱虫导致的耳疥癣、外耳炎、中耳炎等），或是耳朵里进了异物，也有可能是得了脑、神经方面的疾病，需要根据情况向兽医咨询。

猫咪被陌生人触摸以后，会为了消除异味而舔毛，为了回复胡须等触毛的位置而甩头。

38 比起男性，猫咪更喜欢女性？

本来猫咪只要没有被人欺负的不快经历，对于特定类型的人（性别、年龄、肤色、体型）并没有先入为主的观念和偏见。但是，为什么常常有人说猫咪喜欢女性超过男性呢？

据统计，平均下来不管是放低姿势和猫咪玩耍，还是把猫咪放在腿上抚摸，女性主人都要比男性主人花上更多的时间。大概就是因为这样，结果猫咪也变得更经常和女性主人玩耍，更喜欢亲近女性了。

而且，一般来说女性跟男性比较起来，身体柔软、音调较高且声音轻柔，这些都是受到猫咪喜爱的因素。对于许多喜欢猫咪的女性来说，猫是能轻易激发母性的存在，不能否认她们抱猫咪抱得更好。男性绝对不至于被猫讨厌，但平均下来**他们对待猫咪的方式要比女性粗暴得多，所以猫咪也就对他们敬而远之了。**

被猫喜欢就要稳重一点

经常听到"公猫喜欢女性，母猫喜欢男性"这种说法，不知道是真是假。长期被女性饲养的猫更喜欢女性，与之相反，长期被男性饲养的猫更喜欢男性。

受到熊孩子的粗暴对待，猫咪会有无法预料的紧急反应，所以很多猫都对小孩很头疼。当然，女孩子比男孩子抚摸猫咪、和猫咪接触的时间更长，也更知道怎么跟猫咪相处。

　　猫咪不管性别和年龄，都更喜欢沉稳的人（动作和说话方式），喜欢基本上只有自己想被理的时候才会理自己的人。日常生活中注意**动作要从容**，**尊重猫的感受**，猫咪就会更亲近你。

比起男性，女性（女孩子）和猫咪接触、一起玩耍的时间更长。

猫会嫉妒人类和其他的猫吗？

我曾经收到过这样的咨询："恋人来家里玩的时候，平时宠到不行的猫主子用**嫉妒**的眼神盯着我们，有时候还故意捣乱似的跳到我们中间来。甚至这还不够，像讨人嫌一样在恋人带来的东西上小便……""主人生了小孩以后，担心猫咪嫉妒小朋友而做恶作剧……"等等。

许多主人都会用"我家猫咪嫉妒……"这个说法。这真的是嫉妒吗？

家里出现和平时不一样的气味、主人对自己的态度和平时不一样了，猫咪都会迅速察觉。这是因为平时规律有序的生活被打乱，喂食和睡觉的时间发生变化，和自己玩耍、抚摸自己的时间变短，自己的活动范围受到限制了（不允许进入卧室等）。

这些都可以看作猫咪在对主人宣告嫉妒的举动。但是，这并不是像人类的嫉妒那样复杂而深层的东西，只是**瞬间的感情直接导致的行动**。

没有自我意识的猫也会嫉妒吗？

除了人类和大猩猩以外的动物，也有着如愤怒、恐惧、不安、喜悦、悲伤、眷恋、好奇心、惊恐等所谓**基本的感情**，但是并不具备像是嫉妒、自尊心、罪恶感、羞耻心、困惑等**第二层的感情**。究其原因，第二层的感情是从自我意识发展出来的感情，

无法认出自己的形象（照镜子）的动物也就没有自我意识。

但是，英国朴次茅斯大学研究动物情感的心理学家保罗·莫里斯和宠物一起生活了2年多，以及在大约900名与宠物有着亲密关系的志愿者的帮助下，在近年进行的调查中得出结论，宠物（狗、猫、马）表现出了**与第二层情感中的嫉妒几乎相同的基本感情**。

猫咪到底是不是在嫉妒，这只能靠从日常最了解猫咪的主人观察猫咪的状态和行为进行判断和解释。不管是不是真的，如果你感到猫咪在嫉妒了，不管多忙都要和此前一样，留心照顾你的猫咪。

同住的幼猫

不关心它的话猫咪也会嫉妒吗？

40 猫不黏人却恋家，这是真的吗？

常有人说"狗缠人，猫恋家"，事实是怎样的呢？搬家之后，猫回到以前的家里去的例子层出不穷，所以渐渐开始有这种说法。

但是，这是猫咪从主人那里得不到充足的饵料，还要捕食老鼠等猎物过活的时代，是猫咪还不像现在一样贴近人类的生活之时，是很久之前的事情了。

事实上，搬家之后如果把猫咪放到外面，它很有可能**迷路而回不到家**。主人下意识地以为"它回到原来的家里去了"，附近的人看到相似的猫在徘徊，也下意识地认为"某某家的猫咪回来了"。

同伴也是势力范围的一部分

猫对自己的势力范围，也就是能得到食物、可以安心待着的地方十分执着，这已经是众所周知的事实。但对和同伴一起生活的猫来说，**同伴也是重要的势力范围的一部分**。互相把脸和头蹭来蹭去，分享共同的气味，跟猫伙伴和主人建立更深的关系，对这样的猫来说，信赖的伙伴（主人）所在的地方，就是自己安心的势力范围。

主人扮演着提供食物的重要角色，但对猫来说却不止如此，主人还是以深厚的羁绊联系着的一位同伴。

当然，搬家不管对猫来说还是对人来说都是一种压力。

如果猫咪不知所措地藏起来，主人大概会担心"换了个家猫咪不舒服吗"。但是，猫是一种适应力超凡的动物。如果主人和猫之间有着强大的信赖关系，只要主人努力，猫咪就能适应新的环境（势力范围）。

从一个房间开始让它适应，慢慢打造安全舒适的环境，主人像往常一样和猫咪近距离接触（每天抚摸它、和它搭话、陪它玩耍），对猫咪来说是最重要的。

对猫来说有信赖关系的伙伴也是势力范围的一部分。和伙伴一起搬家，有伙伴的气味在，多少就能安心些，再开始创建新的势力范围。

41 人养猫的好处有哪些？

对喜欢猫的人来说，猫是一种只要它在那里，光是看着心灵就能得到治愈的存在。特别是有些消沉和不安的时候，在不同于家人、朋友的意义上，一只小巧的生物静静地待在旁边听你说说话，或者看着它无忧无虑地玩耍的样子，就能恢复精神。

光是这种**治愈效果**已经就足够了，但实际上科学已经证明，和猫咪接触、一起生活还具有降血压的功效，人感到压力时分泌的一种叫肾上腺皮质激素就会减少，能够**缓解压力**。

此外，对儿童来说，猫咪是互相接触、一起玩耍的好朋友，不但能够度过愉快的时间，而且能够培养孩子对他人的感情和关心别人的心灵。照顾猫咪也能让孩子学会拥有责任感。

实际上，也有报告发现，和猫咪（狗狗）一起长大的孩子，通过观察猫咪，能够掌握体察人的表情的能力，对于日后的集体生活更容易适应。

在儿童时期饲养猫咪，长大以后养猫的倾向也会更强，所以可以认为，儿童时期学会和猫咪交流的方法，就会建立起某种和猫咪之间的联系。

此外，也有不少**论文证明**，婴幼儿时期在有猫和狗的环境中成长，能强化孩子的免疫平衡系统，培养不易产生过敏反应的体质，**降低过敏疾病的并发症发生的风险**。

当然，猫是有生命的动物。在计划和猫咪一起生活的时候，关于有无过敏、住宅是否合适、卫生管理、健康管理，以及与之一起产生的时间和费用，必须经过深思熟虑。

在此基础上，创造猫咪安心生活的环境，如果能够善始善终地承担责任，倾注着关爱和猫咪一起生活，人们从猫咪那里得到的好处不计其数。

猫咪拥有不可思议的治愈力量。

专栏3 猫咪与人的年龄如何换算？

随着饮食质量的上升和兽医技术的进步，如今能活20年以上的家猫也并不罕见。和狗相比，猫年龄增长以后行为模式也相对不怎么变化，年老的征兆没有那么明显。很多猫过了10岁以后还会像幼猫时期那样追逐逗猫棒，游刃有余地跳到高处。当然，根据猫的品种、生活环境、日常饮食有一定的个体差异。然而，猫从几岁开始才能称得上高龄呢？

如果用人类的标准把猫的年龄换算成人的年龄，年龄会变得更加直观。人们通过和自己的年龄做比较，诸如"原来猫咪比我还要老啊"这样的亲近感就会油然而生。根据文献和资料多少有些差异，但普遍可以认为，猫咪在1岁到1岁半时生长期停止，**2岁就是人的24岁，2岁以后每长大1岁相当于人的4岁。**

也有报告说明，做过绝育手术的猫比没有做过绝育手术的猫平均寿命要长几年。让猫咪幸福且活得更久的秘诀，在于创造适宜猫咪生活的环境，留心健康管理和饮食管理，给猫咪更多的爱意。

顺带一提，在艰苦的环境中生活着的无主的野猫，2岁以后的年龄每过1年是人类的8年，也就是说年龄以家猫2倍的速度增长。8岁的家猫换算成人类的年龄，就已是步入中年的48岁（24＋24）了，而能够活到8岁的野猫的年龄则已经到了72岁（24＋48）。

2岁以后家猫的年龄换算式为：24＋（猫的年龄－2）×4。

第 4 章

揭开猫的行为的秘密

猫的一天是如何度过的呢？

　　首先，让我们来大概了解一下，猫一天当中都在做些什么。虽然根据年龄、环境有个体差异，**一天之中大约有三分之二**，平均下来就是 13 ～ 16 小时的时间是在**睡眠**中度过的，猫咪分好几次进行**休息**。

　　接下来，搜寻猎物、捉捕、进食大约花去 3 个半小时，梳理毛发等花去 1 ～ 3 小时，剩下的时间则全都用来巡视领地和活动。

　　和人生活在一起的猫咪有主人喂养，所以它们捉捕猎物的时间实际是用来和其他猫咪玩耍，或者和主人亲热了，取决于不同的主人和生活环境。如果主人没有充足的时间和猫咪亲近，猫咪睡觉的时间就会随之变得更长。

　　猫咪原本是曙暮型动物，在清晨和黄昏时最为活跃。但是，也有报告显示，跑到外面捉老鼠的家猫事实上（除了盛夏之外）有一半的狩猎活动是在白天进行的。许多家养的猫生活步调都和人保持高度一致。

猫不用时钟也能知道时间

　　终日在室内生活的家猫，当主人在家的时候，会观察主人做饭的情景，和主人一起看电视、玩电脑，参与主人所做的事，享受和主人玩耍亲近的时间。当主人外出的时候就会进入**休息**

模式，主人回家后启动**活动模式**，有的猫甚至还会配合主人的就寝时间，和主人一起上床睡觉。

主人也在不知不觉中受到猫咪生活节奏的影响，被猫咪催着喂食的时候就会起床，看着猫咪睡得很香的样子，自己也不由得开始睡懒觉……

猫咪有着不用时钟也能感知时间的能力。在自然界中生活的猫咪，掌握外出狩猎的最佳时间，为了不和对手发生冲突而把巡视的时间错开，这些对它们的生存都具有重要意义。

家猫也会在闹钟响之前不久醒来，到了喂食的时间就跑到主人跟前，主人回家之前跑到玄关打转，这些都只能解释为它们具有精确的生物钟。随着和人一起生活，似乎有些猫甚至能感知今天是星期几。规律的生活节奏能给猫咪带来安全感。

以上是室内生活的猫咪一天时间的大概分配。猫咪会配合主人的生活，调整一天的时间表。家猫原来寻找和捕捉猎物的时间，变成用来和主人玩耍和亲近了。

猫咪为什么总在睡觉？

猫在一天之中大约有三分之二时间是**睡着**度过的。猫为什么这么爱睡觉呢？哺乳动物中，有像犰狳那样一天要睡将近20个小时的动物，也有像马和驴那样只睡 2.5～3 个小时的动物。由此可知，睡眠时间的长短主要受到食物来源（肉食、草食、杂食）和环境的影响。

包括猫在内的肉食性动物，总在捕食猎物以外的时间保存体力，因此睡眠时间较长。与之相对，草食性动物必须摄入大量低卡路里的食物，所以会在摄食上花费大量的时间，再加上睡眠中很有可能成为肉食动物的目标，所以只有很少的时间睡觉。

不管是肉食性、草食性，还是杂食性的哺乳动物，都有**体型越大睡眠时间越短**的倾向。这是因为体型（体重）大的动物基础代谢率更低，也就是单位体重消耗的能量更少，随之为了让身体和大脑得到休息的睡眠时间也就不需要很长。

虽然如此，属于同一种群、体型也不相上下的动物种类之间，睡眠时间有时也大相径庭。"（包括我们人类在内）动物为什么需要长时间的睡眠呢？"这个睡眠之谜至今还没有完全得到解释。

猫平均一天要花 13～16 小时分数次睡觉。睡眠时间也受到年龄的影响，年幼或年老的猫睡眠时间有时甚至能达到18～20 小时。

睡眠时间随着季节（气温）不同也有变化，天气越冷，睡得越久。而且，完全养在室内的猫能保障有安全的睡觉地方，因此比生活在外面的猫睡觉的时间更长。

不同的动物睡眠时间也不同。体重和猫差不多的披毛犰狳（Large Hairy Armadillo）一天要睡将近 20 小时。

家猫

13.5 小时

平均睡眠时间

麝香猫（灵猫科）

6.1 小时

家猫的平均睡眠时间是 13.5 小时，麝香猫（灵猫科）的平均睡眠时间是 6.1 小时。同一种群睡眠时间也有差异。

猫的睡眠周期是怎样的？

不同物种的动物不但睡眠时间有差异，睡眠周期也不同。睡眠研究的先驱者，生理学家米歇尔·朱维特（Michel Jouvet）在 1959 年用猫作为实验对象进行研究，发现猫和人一样存在快速眼动睡眠期（REM）。**快速眼动睡眠**是指脑波处于活动状态但身体却处于睡眠状态的一种睡眠现象，也叫作"异相睡眠"。

REM 的由来是快速眼球活动的英文 rapid eye movement 的首字母。睡眠中，眼球有时会在闭合的眼睑下快速运动，快速眼动睡眠期由此得名。在 REM 睡眠中，脑电波和清醒时呈现相近的状态，和平常的**非快速眼动睡眠期**相区别。

大脑通过非快速眼动睡眠减少活动进行休息，而快速眼动睡眠状态下大脑则活跃地运作，大脑越是发达的动物，越能出色地组合这两种睡眠模式让睡眠更加高效，让大脑得到充分的休息。

包括人类在内的哺乳动物的睡眠，把一次非快速眼动睡眠以及紧随其后的一次快速眼动睡眠作为一个单位，叫作**睡眠周期**。通常睡眠周期会重复多次。人的睡眠周期约为 90 分钟，一个晚上一般连续循环 4 ~ 6 次。猫的一个睡眠周期，包括由浅度睡眠（约 15 分钟）和深度睡眠（5 ~ 10 分钟）组成的非快速眼动睡眠，和紧随其后的短暂的快速眼动睡眠（5 ~ 10

分钟），总共大约 30 分钟。

猫的快速眼动睡眠和人一样，占总睡眠时间的
20% ～ 25%。睡眠周期循环多次组成的睡眠，猫和人一样，
一天要进行好几次。但是，持续处于压力状态下的话，有时睡
眠时间会比平时短，有时也会变长。从日常中掌握猫咪大概的
睡眠周期，让它能有安心睡觉的环境非常重要。

此外，猫到了高龄（11 岁以上）以后，也会因为认知功
能障碍而睡眠周期紊乱，有时会出现半夜里持续发出叫声的现
象。

猫可能也会做梦

猫在浅度睡眠时，肌肉没有完全放松，头部抬起，对外界
的刺激——即使是很小的声音也会迅速反应，摆动耳朵，闻到

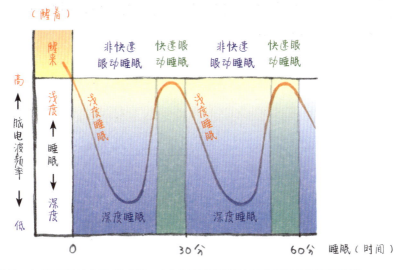

猫的一个睡眠周期大约是 30 分钟。由非快速眼动睡眠（开始睡眠的浅度睡眠到进
入深度睡眠，共 20~25 分钟）和快速眼动睡眠（5~10 分钟）组成。

美味的气味还会马上醒过来。把两条前腿弯曲起来趴在上面做出"农民揣"的动作，在放松状态下的猫，如果没有什么能让它提起兴趣的事情，经常趴着趴着就迷迷糊糊地进入了浅度睡眠。

然后，睡眠渐渐加深，猫对周围的刺激不再做出反应，身上的肌肉不再紧张，进入放松的熟睡状态。随之脑电波频率和脑代谢量也开始降低，以此保持热量，也就是说大脑和身体都卸下疲惫，正在休息。

紧接着，几乎全身肌肉都处于松弛状态，明明已经筋疲力尽，脑电波频率却在进入睡眠之前的阶段再次上升，进入大脑接近清醒（醒的时候）状态的快速眼动期。身体还在睡眠，而大脑却醒着。

随着年龄增长反而变短的快速眼动睡眠，通过睡眠周期**把大脑从深度睡眠状态唤醒和激活，整理并储存记忆，对于学习也发挥着重要的作用**。非快速眼动睡眠和快速眼动睡眠的比例，根据动物种群各不相同，关于不同动物种群睡眠的比较研究，今后对于解开睡眠之谜也是一个很大的关键。

此外，如果强制唤醒正在快速眼动睡眠期的人，对方正在做梦的可能性很高，因此可以认为快速眼动睡眠和做梦的机制有关系。快速眼动睡眠时，猫的四肢和尾巴、胡须有时会一惊一乍地抖动，有时还会喵喵地说着梦话，偶尔还会睁着眼睛睡觉（能看见第 3 层眼睑也就是所谓白色的**瞬膜**，有点恐怖呢）。能够想象猫咪可能是在做梦，但是至于它究竟梦到了什么，好像没有办法跟猫咪一问究竟……

打　　盹

非快速眼动睡眠中（浅度睡眠）
迷迷糊糊打盹中。有声音的话耳朵会朝那个方向摆动，对周围的刺激做出反应。

沉睡

非快速眼动睡眠中（深度睡眠）
熟睡中。几乎不会醒来。

抖动　　　抖动

快速眼动睡眠中
肌肉舒缓，全身放松，四肢和尾巴、胡须、眼睑等有时会突然动一下。

呆——

保持"农民揣"的姿势观察四周。没什么有意思的事就迷迷糊糊开始打盹。

* 这些图示的姿势只是一个例子，并不是意味着每个睡眠阶段。

45 睡觉的地方和睡相有什么特殊的意义吗？

猫咪沉浸在美梦里的样子，光是看着就能被治愈，带给人幸福的情绪。身体柔软的猫咪会在不同的地方呈现千姿百态的睡相。

猫一般比较**喜欢安静而能观察四周，并且稍微高一点的安全地带作为睡觉的地方。**喜欢的睡觉地方被猫警戒心的强弱和季节（气温）所左右，每只猫的偏好也不尽相同。

警戒心越强的猫，偏好比较高的地方或者床底下等，还有四周被围住的地方，以及不容易被别的猫和人看到的、人接触不到的地方。相反地，在过道和房间的正中央这样的地方等，到处都能睡着的猫，可以说没有什么警戒心，总是很有安全感。

根据警戒心的强弱，猫的睡相也有变化。因为警戒的时候即使睡着了，也必须尽量把身体调整成随时可以站起来的姿势。保护好咽喉和腹部等要害部位，摆出像斯芬克斯一样的动作，四肢和尾巴也藏起来，团成一个球形睡觉。相反地，仰躺着把肚子露出来，伸着手脚打开身体睡着的猫，应该是没有丝毫防备，百分百完全放松着吧。

冷的时候会把肚子和额头藏起来

在室内生活的家猫警戒心不是很强，所以睡相受到季节（气温）的影响。天气变凉它会比主人更早地占据暖和的地方，天气热的时候则是占据通风良好、凉快又舒服的地方。

但是寒冷 (15℃ 以下) 的时候，猫咪为了不让热量流失，尽量缩成一小团，特别是要把敏感的腹部和额头藏起来睡觉。随着气温升高，就会把身体敞开发散体热，夏天酷热的日子总是在冰冷的地板上随便一倒就大睡起来。

虽然如此，关于睡相，人也有侧躺、俯趴、仰卧等各自喜好的姿势，猫也和人一样有着自己的喜好。

说句题外话，在德国对猫奴进行的问卷调查显示，"侧躺着睡觉时，右侧卧的猫压倒性地多于左侧卧的猫"。虽然不知道真假，有一个说法说"右侧卧不会压迫心脏，能放松地睡好觉"，看来大概猫咪也知道了。

缩～

展开～

猫咪会蜷成一团、侧躺、俯趴、仰卧。猫睡觉的地方和睡相根据警戒心的强弱、气温和个别喜好等多种多样。

猫咪为什么不在帮它准备的猫窝里睡觉呢？

在地上放一个箱子或者袋子，猫咪多半会钻到里面去。就算箱子很小，它也非要灵活地钻进去不可。

这是野生时代的猫为了躲避攻击自己的动物，保护自身而在悬崖的缝隙和树洞等狭窄的地方睡觉所遗留下来的习性，**钻进四面有遮挡的地方猫更有安全感**。因此，猫一看见箱子和袋子就一定要钻进去试试舒不舒服。

而且猫喜欢高的地方这一点也是野生时代监视有没有危险的敌人从周围靠近的残留。对方看不见自己，但是自己一览无余的地方就能放下心，万一发生争斗自己也处于优势。

给猫咪买了昂贵的床，它却怎么也看不上眼，但有时候猫咪兴致上来突然就开始用了，所以就先静观其变吧。铺上有猫咪气味的毯子的话，猫咪嗅到床散发着自己的气味，很有可能就放心地睡上去。只要在那里睡过一次觉，因为已经有了自己的气味，猫咪就会开心地继续睡。

猫对睡觉的地方非常挑剔，也有经常换着地方睡觉的习性，准备好几个睡觉的地方让猫咪挑选才是上上之策。在纸箱或笼子里铺上旧浴巾或褥垫，放在房间角落等安静的地方，猫咪一定会喜欢。纸箱子的话就算扯坏了，也能马上做一个新的，非常方便。

随着气温变化，最好能移动猫窝的位置，热的时候放在通风良好的阴凉处，冷的时候放在向阳而温暖的地方。

在奇怪的物体中安静下来的猫。猫喜欢的睡觉的地方是各种各样的。

猫最喜欢钻到狭小的地方。比起专门为它买的小床更喜欢纸箱。

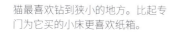

在竹筐里睡着的猫。

在纸箱做成的房子里睡觉的猫。

47 猫会装睡吗？

对猫来说，睡眠是让大脑和身体获得休息的宝贵时间，但在压力很大的时候，猫也会闭上眼睛**装作睡觉**的样子。这一装睡的现象，猫咪像在说"我闭上眼睛不看的话，对方也就不会看我了吧"，有一层**拒绝和周围有所接触的意味**。很像人有时候状态不好的话也会装睡，装作听不到的样子。

实际上，研究人员对动物保护设施中受到保护的猫进行了为期8个月的观察，结果发现猫在最初约3个月里睡觉时间（躺下来闭上眼睛的时间）较长。究竟是在新的环境里感到压力才装作睡着，还是为了克服压力状态需要更多的睡眠，感觉十分微妙，但3个月以后，睡觉时间减少，舔毛和活动的时间变多了。

亲近人类的家猫也是一样，例如调皮的孩子不停地在房间里跑来跑去，或者邀请许多客人来家里大声播放音乐的状况长时间持续的话，猫在这些状况下感到压力，如果没有地方可躲，就会坐在房间角落闭上眼睛，或者蜷起身体闭上眼睛。只有耳朵朝着声音传来的方向摆动，面部表情也紧绷着，可以感受到它此时一点也不放松。

装作睡觉的猫有时一边警戒一边也会迷迷糊糊地睡着，但因为睡意不足所以无法完全放松。有人断言宠物商店或猫展中，待在笼子里的猫一定是在闭着眼睛装睡。不过当然，因为无聊，所以除了睡觉以外无事可做也是一个原因。

感到压力的猫有时会装睡。

猫展中猫被关在狭小的笼子里睡觉。

猫打哈欠是因为困吗？

　　猫咪起床后，经常会打哈欠，像是在说"睡得好饱啊"。和人在疲惫、无聊、瞌睡的时候会打哈欠一样，猫也会在无聊、困倦的时候打哈欠。猫打哈欠时把嘴张到最大吸气，让人惊叹下巴是不是脱臼了。

　　一般认为生理性的哈欠将大量氧气送到脑部，具有激活和重启大脑、舒缓下巴和脸部肌肉、将内耳压强与外界调节一致的作用。但是，打哈欠是为了给大脑补充氧气这一说法并没有科学依据。实际上，人在缺氧状态下打哈欠会变得更加频繁。最近的研究表明，打完哈欠之后大脑温度降低，这说明**大脑温度升高一点点人就会打哈欠，参与大脑温度的调节**。

　　打哈欠也有社会交流的作用。我们知道在人、大猩猩和狮子的身上，不知为何，打哈欠是会传染的。因此，打哈欠或许承担着情感表达和沟通的作用。有的动物（河马等）露出牙齿打哈欠意味着威吓，但猫打哈欠的意思正相反。实际上，猫打哈欠时不管有没有露牙（犬齿），都像下页所示的一样，和威吓的表情形成对照。

　　比如当被其他的猫团团围住，或者惹主人生气的时候，猫打哈欠是为了向对方表达"我很淡定，没有吵架的意思"这种友好的态度。猫打哈欠是否会相互传染还没有得到确认，但是无疑**打哈欠是有缓解紧张气氛的作用**。如果说打哈欠能让大脑温度降低，那这也是"让大脑冷静一下"的一种了。要是人也打个哈欠，猫咪说不定能够更加放松。

猫不只会在困倦的时候打哈欠。睡醒时的哈欠（左）、瞌睡时的哈欠（右），也有缓解紧张的作用。

打哈欠和威吓的表情看起来很像，其实正好是相反的。

🐾 哈欠和威吓的区别

	哈欠	威吓（哈——沙——）
气息	吸气	呼气
嘴角	大	小（尖）
胡须	下垂并张开	紧张地（为了强调犬齿）稍向后合，攻击之前前倾
眼睛	闭合的情况较多	张开
意味	友好的	威吓

49 为什么起床之后会伸懒腰？

我们也看到猫咪经常起床之后一边大打着哈欠，一边**伸懒腰**的样子。起床以后伸个懒腰，对人们来说也是一个惬意的动作。大大地伸一个懒腰能让收缩着的肌肉和韧带得到舒展，使得全身血行畅通，将氧气输送到各个器官，调整到活动状态。打哈欠和伸懒腰能让大脑分泌一种使人心情愉悦的神经传导物质，叫作 β 内啡肽，也被叫作快感激素，所以可以说伸懒腰具有**让人身心舒畅的作用**。

猫伸懒腰的姿势大概有三种模式。

①弓起并抬高背部，以背部为中心伸展全身的姿势。

②后肢不动，将前肢从肩部到猫爪尽力往前伸，上半身落在一个较低的位置，以前肢为中心伸展全身的姿势。这时，尾巴常常也会和屁股一起往上抬起，有时还会张开指甲发出咯吱咯吱的响声。

③前肢往前一步把身体向前带动，以背部到后肢（左右交替或一起）为中心伸展全身的姿势。由这个姿势可以直接开始往前走。

有的猫也会就着睡觉的姿势直接开始舒展身体，根据当时的心情，有着各种各样的伸懒腰的模式。人也模仿这些猫伸懒腰的姿势，将其发展成了瑜伽的动作。这些姿势也被叫作**猫式或猫背式**，因具有放松效果在瑜伽中被大量地使用。

猫通过伸懒腰进入活动模式。　　　　　　　猫伸懒腰的姿势被引进瑜伽动作里。

猫为什么喜欢向阳的地方呢？

猫非常喜欢**晒太阳**享受日光浴。特别是在寒冷的季节，猫甚至会跟着从窗户斜射进来的阳光的移动挪来挪去。猫晒太阳是因为暖和舒服，但同时也是为了保持健康。

首先，日光浴能使皮肤和皮毛保持干燥，还具有杀菌效果。因为皮毛和皮肤处于潮湿的状态可能会导致皮肤病。仰躺在向阳且温暖的地方滚来滚去还具有按摩的效果，附着在毛上的灰尘（除了在户外滚过的情况）在猫站起来以后摆动身体的时候，还有无须沾水的干用香波的作用，能带走部分多余的皮脂，也有减少外部寄生虫的效果。

包括我们人类在内，许多动物能通过日光浴合成维生素 D（其中还包括维生素 D_3），这一点已经广为人知了。对于维持骨骼健康不可或缺的维生素 D，是由皮肤中存在的维生素 D 的前驱物质 7- 脱氢胆固醇经紫外线照射合成的。

现在的家猫不需要晒太阳了吗？

但是，猫的皮肤中 7- 脱氢胆固醇的浓度很低，所以光靠紫外线无法合成充分的维生素 D。因此，最好还是认为**猫所必需的维生素 D 不是通过日光浴合成的，而是在饮食中摄取的**。现在已经可以买到优质的猫粮（综合营养型）了，首先不会出现家猫缺乏维生素 D 的现象，所以不需要太担心。

这么一想，对猫来说晒太阳也未必就是不可或缺的，但是看到猫享受日光浴的样子，还是想给养在室内的猫准备一个飘窗之类的日照充足的地方，确保它能有一个心仪的空间。如果有阳台的话，加装上防止坠落的安全网，让猫不能出去，又能享受外面的风景，无疑是最完美的休息处了。

此外，白色部分多的猫，及耳朵等毛比较稀少的地方，容易受到紫外线的影响，长时间的强日光（紫外线）照射会导致**日光性皮肤炎**的发生，请多加注意。

猫最喜欢舒适的向阳处。

猫为什么会舔毛？

有的猫喜欢干净，也有的猫不喜欢，所以不可一概而论，但是猫醒着的时间里 10% ～ 30% 都是用来舔毛。猫热衷于舔毛是因为它有着许多的作用。

第一点，**整理皮毛有保持皮肤清洁的作用**。用长着小的乳状突起的粗糙舌面让皮毛保持干净，除掉旧毛和打结的毛球，清除皮肤的污垢和外部寄生虫。

第二点，**调节体温的作用**。打理干净的皮毛在寒冷的冬天有通过毛发缝隙里的空气起到保温效果。另一方面，炎热的夏天里，唾液蒸发产生冷却效果。因为猫没有办法像人一样全身流汗来调节体温。

考虑到猫的祖先原本生活在气温很高的沙漠地带，通过舔毛降低体温大概是猫生存下去必不可少的活动。

第三点，**通过舔舐刺激皮肤的皮脂腺，起到调节皮脂分泌的作用**。分泌出的脂质可以排斥水分，防止皮毛被水沾湿，保护皮肤。而且，分泌出的皮脂多少还能经常保持自己的气味这一尊严般的存在。我们前面说过猫的脸、手脚的背面、尾巴根和肛门周围的分泌腺能分泌出散发气味的物质（信息素），但还需要通过舔毛让信息素的气味扩散到全身。

第四点，**通过按摩作用改善皮肤的血液循环，起到缓解紧张、放松心情的重要作用**。

比如，落地失败或者惹怒主人的时候，猫会突然开始舔毛。很像人类在难为情的时候挠头的动作。而且，如42页解释的一样，猫和猫互相舔毛、猫和主人相互理毛，可以交流同伴的气味，加深彼此的羁绊。

舔舔

有很多突起！

舌头

猫舔毛有很多的作用，粗糙的舌头有梳子的作用。

理毛的方法有哪些？

猫常常在吃完饭以后和睡觉之前理毛。也有报告指出，比起平时，猫咪吃完好吃的以后，会更执着于清理嘴巴周围和脸上的毛。猫的身体非常柔软，可以做出很多姿势，几乎身体的所有部位都能舔到。观察猫理毛的样子，发现**有着一系列顺序**。

大致是从前往后。先用舌头把嘴巴、鼻子和爪子清理干净。指头和指头的缝隙间也仔仔细细清理干净。猫的爪子是多层鞘重叠的构造，有时候要把外层即将脱落的旧鞘用前齿摘下来。

接下来，用被唾液沾湿的猫爪内侧将面部和耳朵后面清理干净。右手和左手交替进行，完成以后，用坐着或者躺着的姿势，把前肢、肩、胸、腹侧弄干净，最后是腹部、屁股，后肢和尾巴也要伸到前面理毛。打结的毛发不太容易舔掉的，会用前齿咬断。偶尔也会用后肢打理耳朵后面等部位。

理毛是健康的指标

幼猫出生3周以后渐渐开始理毛，6周左右就已经学会出色地独立完成了。理毛时的姿势和时间、着重打理的部位，每只猫都有各自的偏好，一般来说母猫舔毛的时间比公猫要长。

而且，当猫皮肤发痒或产生其他不适感（疼痛）的时候，必然要舔舐皮肤，理毛的时间会变得更久。以过敏性皮炎、寄生虫和细菌等导致的皮肤病为首，各种各样的身体疾患都有可能是导致不适的原因。如果上述这些问题都不是，猫咪还是固执地不断舔毛，甚至直到皮毛产生脱落现象、皮肤发生炎症的情况，那就有可能是抑郁、欲求不满等精神性压力方面的心理原因。

同时，猫咪生病或受伤等身体状况不好的时候，一直以来经常理毛的猫也会变得不理毛了。理毛这一行为可以说是猫咪**身心状态的指标**。

理毛的方法也有固定顺序。

猫的身体非常柔软，能以很多人类无法模仿的姿势梳理毛发。

53 猫是天生的猎手吗？

不管是什么样的猫，看到体型不太大、移动速度不太快的潜在猎物，比如老鼠、小鸟、蜥蜴、昆虫等，狩猎本能的开关就会自动开启。就算是肚子不饿，也抑制不住狩猎的冲动。当它发现黑暗的洞口和缝隙，不自觉地就要一探究竟也是这个原因。**猫天生就是猎手**。

能够捕捉猎物发出的微弱声响的敏锐双耳，在黑暗里也不会让猎物从眼前逃脱的锐利眼睛，伸缩自如的尖锐爪子，给猎物致命一击的锋利牙齿（犬齿），足尖行走不发出丝毫声音的四肢，柔韧的肢体和爆发力十足的肌肉……即使说猫的身体就是为捕捉猎物而生的也毫不过分。

在室内养大的猫乍看似乎很安静，但当看到飞进房间的虫子和窗外飞过的小鸟时，狩猎本能受到刺激，立刻变成猎手的眼神。

给猎物致命一击的技术是最难的

虽说如此，猫能否出色地狩猎，受到猫妈妈的影响很大。小猫出生后4周左右，猫妈妈就会第一次把杀死的猎物（小老鼠等）带到它面前，而且渐渐把活的猎物带回来当食物。幼猫就会像玩狩猎游戏一样悄悄靠近猎物，追赶猎物，从低的姿势跳起来按住猎物，用爪子抓着扔起来再用嘴巴叼住。不管是什么样的猫，都会做出这些源自狩猎本能的行为。

但是，要想出色地完成狩猎，必须把这每一个动作组合成一系列的连续动作。有的猫天生就具有狩猎的才能，也有的猫并非如此，但它们也能通过积累经验慢慢磨炼狩猎技巧。

幼猫通过观察猫妈妈的行动能学会很多东西，但最后**给猎物致命一击的技术才是真正的难关**。通过和兄弟姐妹们竞争同一个猎物，猫咪可以很快学会何时一口咬住猎物。出生之后 8 周左右，猫就能抓小老鼠了，继续锻炼猎手的能力。

所有的猫都具有狩猎的本能。这是一种即使肚子不饿也抑制不住的冲动。

猫要成为出色的猎手，必须从小开始练习狩猎。兄弟姐妹一起竞争猫妈妈带回来的活着的猎物，能让小猫更早地学会撕咬。小猫为了不让猎物被抢走狠狠地咬下去，这样就学会了给猎物致命一击。

猫是如何狩猎的？

猫的狩猎大概分为 4 个阶段。

①捕捉猎物发出的微弱响声，寻找猎物的所在，向着猎物的方向低伏身体，静静等待时机。

②看准时机，迅速出动，无声地靠近。如果看到猎物表现出些许发现了的样子，就会像在玩"一二三，木头人"一样，一动不动保持原来的姿势。和猎物离得够近了以后，伏下身体观察情况，等待一跃而出的时机。头部左右摇晃，通过从不同角度观察猎物，推测准确的距离。这时，猫踏着后腿，晃着尾部，尾巴尖一动一动，目光毫不松懈地紧盯着猎物。

③瞄准目标以后一跃而起，用一只前爪按住猎物。跳起来飞扑到猎物之前，胡须指向前方，瞳孔放大。

④按住猎物以后咬上去时，眼睛和胡须瞬间判断老鼠毛的朝向。再次咬猎物时下巴迅速活动，上下牙（犬齿）正好调整到猎物的颈椎和颈椎的缝隙间的位置。决定位置以后，就是一口咬下去。

对为了进食必须进行捕猎的猫来说，狩猎是生存下去的手段。在①和②阶段花费很长时间以后，终于能够进入③阶段。

而且，猫会记住以前抓住老鼠的窝，有时候会在巢穴的出入口耐心地等老鼠出来。老鼠出来以后也不是立马跳上去，而是在离巢穴出入口有一定距离的地方静观其变。因为如果在第三阶段跳起的一瞬间失败让猎物跑掉，可就白费力气了。

虽然狩猎要求的是像忍者一样悄无声息地接近和捕捉猎物的爆发力，但**耐心等待时机的忍耐力才是狩猎成功的秘诀**。

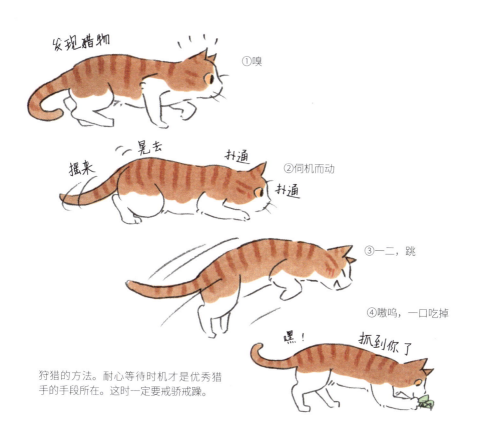

狩猎的方法。耐心等待时机才是优秀猎手的手段所在。这时一定要戒骄戒躁。

为什么有时候不杀死猎物，而是扔着玩？

　　猫有时候会不杀死猎物，而是把猎物拿着玩。特别是为了食物**不得不进行捕猎的猫经常这样做**。把已经抓到手、放到嘴边的猎物从嘴边放走，把试图逃跑的猎物丢来丢去，再次放到嘴边。

　　乐此不疲地玩了半天以后，猎物已经越来越虚弱，慢慢地动不了了，即使这样还要再丢着玩一会儿，对一动不动的猎物失去兴趣以后，就会转身离开。

　　幼猫还无法熟练地给予猎物致命一击，也可以说是在进行狩猎练习，而成猫简直像在凌辱猎物一样的行为让人觉得残酷，很难理解。

　　一直以来，人们认为猫不给抓来的猎物致命一击，而是用爪子抓着玩弄，是因为很早就离开了猫妈妈和兄弟姐妹们，在幼猫时期几乎没有机会学习如何杀死猎物。

　　但是实际上，即使从小被人喂养没有狩猎经验，成猫以后才学会杀老鼠的猫也一样，空腹状态持续 2～3 天以后，包括家猫在内几乎所有的猫（如果附近有老鼠的话）都会本能地杀死并吃掉老鼠。

　　但是，不杀死猎物不只是因为肚子不饿，从人类那里得到食物的家猫在不断的交配中，在狩猎的最后阶段给猎物致命一击的欲望逐渐减弱。

得到美味的食物，向主人撒娇，不管到何时都还和幼猫没有分别，对于这样的家猫来说，比起杀死猎物的刺激感，玩弄猎物更加刺激，所以它才会像幼猫一样**尽量地延长用猎物玩的时间吧**。

猎物也有可能发动反击

另一方面，没有杀死猎物的经验、不太有信心的猫是**因为不安感而不去咬猎物的**。猫虽说是天生的猎手，就算一把抓住了老鼠，一口咬下把老鼠置于死地也并不是理所当然的事情。就像"狗急跳墙"这句成语一样，当老鼠穷途末路的时候，也会死命地咬住猫不放。

猫不置猎物于死地而是拿着玩的原因有：肚子不饿；家猫置猎物于死地的欲求不强；像幼猫一样喜欢用猎物玩，想多玩一会儿；害怕杀死猎物等。

特别是根据猎物的种类（大的老鼠之类的），即使是自己抓猎物维持生活、狩猎经验丰富的猫有时也会在猎物反击时遭受致命伤，所以按住猎物以后不会立刻把脸凑上去咬。

对单独狩猎的猫来说，如果狩猎失败，自己也有可能丢掉性命。用爪子按住多次击打，等到猎物动不了了再给它致命一击更加安全。

同样地，如果是没有狩猎经验的家猫的话，即使是一只小老鼠，也会像一只大的猎物一样，用爪子打了以后还是怕把脸靠近。

玩弄杀死的猎物？

此外，就算是自己抓猎物过活的猫，在杀死猎物以后有时也不是马上进食，而是把死去的猎物用爪子抓着在空中扔来扔去地玩。这种行为的含义还没有彻底弄清。

狩猎的成功率取决于猫的狩猎能力和该地域猎物栖息数量的多少，平均下来 2～5 次中就有一次，特别是在捕获体型较大或比较危险的猎物以后，狩猎终于成功结束，有可能是内心松了一口气，**让自己从紧张、兴奋和恐惧中平静下来的转移行为**。

虽然看起来简直像是高兴得不得了，上跳下蹿地跳着"喜悦之舞"，但真正肚子饿着的猫会马上吃掉猎物，不会拿猎物玩。

拿已经死亡的猎物玩的原因有：缓解狩猎的紧张、兴奋或恐怖的转移行为，狩猎成功的喜悦，肚子还不是很饿等。

为什么会把抓到的猎物带到家里来呢？

　　家猫有时候会把在外面捉到的老鼠、小鸟、虫子等猎物带回来，偶尔还会得意扬扬地把一息尚存的猎物放到主人面前。为了满足猫的狩猎本能，猎物不会被吃却还是惨遭横祸，对主人来说也很困扰。关于这种行为也有很多说法。

　　首先有一种说法认为，家猫**把主人当作小猫咪，自己变成猫妈妈，把猎物带回给主人**。这是因为猫妈妈有把猎物带给小猫咪吃，或让它们锻炼狩猎的本领的习性。这种行为的确在母猫身上比较多见，但公猫（无论是否做过绝育手术）有时也会带回猎物，所以此种说法的真假还有待考证。

　　接下来的一种说法是，把猎物带回来**炫耀自己狩猎能力有多强，展示自己的优势**。而且，从理论上考虑的话，可能只是把猎物（不管吃不吃）搬到安全的地方储存才带回来的。因为杀死猎物的猫，有不当场吃掉而是把它带到安全的地方再吃掉的习性。

　　无论如何，猫只会把猎物带到安全的地方，如果家猫给你带了礼物回来，说明主人无疑是被猫咪信赖着的。

　　如果不想再让猫咪带老鼠和小鸟回家，可以给猫脖子挂上铃铛，可以起到一定效果。因为猎物发觉有响声，狩猎就会失败。但是，还是有些出类拔萃的猫能让铃铛不响，悄无声息地接近猎物。最近，主要为了保护野鸟不被猫捕食，人们想出了

各种各样的项圈。比如有每隔 7 秒钟就会发出响声的项圈
（Cat Alert, 英国制），还有在项圈上安上合成橡胶制成的
围嘴的产品（Cat Bibs, 澳大利亚制）。

　　以 150 只能自由外出的家猫为对象，用带铃铛的项圈和会
发出响声的项圈分别做的调查表明，平均下来挂铃铛使得带猎
物回家的情况减少了大约 30%（鸟类为 40%），而发出声音
的项圈则为 40%（鸟类为 50%）。也就是说，戴上能发出声
音的项圈能在每两只惨遭横祸的小鸟里救下一只。另一个以大
约 60 只猫为对象进行的调查也表明，猫围嘴将针对野鸟的狩
猎减少了近 70%。

　　保护野鸟当然很重要，但项圈的安全性和戴围嘴的猫是什
么心情，也是不得不考量的。为了防止项圈钩在树枝等上面发
生窒息事故，可以选择力气大一些就能挣脱的安全项圈。

能发出声音的项圈

安装在项圈上的围嘴

猫抓住猎物以后带回
家里来的原因还尚不
明确。

形形色色防止家猫狩猎成功的项圈正在开发。有每隔 7 秒
就会发出声音的项圈（左）、安装在项圈上的围嘴（右）。

57 为什么有的猫会和老鼠过从甚密？

　　猫的**狩猎本能**是与生俱来的，但是特定的动物——比如老鼠和小鸟并非天生就是猎物。猫在一个时期对任何事物都有着灵活的适应能力（出生后 2～8 周），这也叫作猫的社会化时期。在这一时期，如果没有把老鼠当作狩猎对象或者猎物认识的机会，和老鼠一起成长，猫也会和这只老鼠和睦共处。特别这一时期，如果小猫不在猫妈妈和兄弟姐妹身边，没有接触的机会，那么**把一起长大的其他物种看作伙伴的倾向就会更强**。

　　但是，就算和特定的老鼠过从甚密，也并不能保证它不会攻击别的老鼠。但攻击和自己的老鼠小伙伴相同颜色、相同体型的老鼠的可能性比较低，但也不能说绝对不会攻击。如果有东西鬼鬼祟祟地动，猫就会反射性地想去抓住，这是猫的天性。即使老鼠小伙伴不幸早夭，也尽量避免铤而走险地迎来新的小老鼠。

如果和小狗单独养在一起就会变成"小狗"

　　天竺鼠、兔子和狗的体型无法成为猎杀的对象，如果让猫咪和它们一起生活，猫咪就会把它们当成自己的伙伴，建立起深厚的友情。当然在这一时期，让猫咪有机会和各种各样类型的人和其他动物接触是最理想不过的，但为了培养猫咪稳定的精神、喜欢和人亲近的性格，至少在出生后 8 周（理想的话直到 12 周）以内，让小猫和猫妈妈以及自己的兄弟姐妹在一起生活是最重要的。

　　有一个这样的例子。出生之后，几乎和其他的猫没有接触，却和一群小狗一起长大的猫，成猫之后看到其他的猫也不接纳，而是陷入恐慌，常常和自己做伴的狗狗不在身边就焦躁不安，也就是说被养成了"小狗"。另一方面，一起长大的小伙伴里既有小猫又有小狗的猫，**既能和小狗和睦相处，比起小狗来自然更把猫看成自己的伙伴。**

社会化时期和猫妈妈、兄弟姐妹们多接触的话，猫就会知道自己是一只猫；但在这一时期如果和其他的动物建立友好关系，就不会把这种动物当成猎物。

为什么猫一天到晚要进食多次？

在自然界生活的猫一天之中寻找猎物、猎捕进食的时间大概要花去 3 个半小时，平均下来不分昼夜一天要猎捕 10 ～ 15 次猎物。平均下来满足成猫一天必需的热量，**必须要吃掉大约 12 只小老鼠**，所以养在室内的猫一天到晚一直在不断地吃东西也就并非不可思议了。

猫的胃一次不用吃很多，和狗比起来的话，猫的胃相对较小，大概是一次吃掉一只小老鼠就刚刚好的程度。猫像纯肉食动物一样，含有胃酸（盐酸）和消化酶（由胃酸催化）的胃液是浓缩的，强胃酸作为防御系统，起着把生肉上导致感染症的细菌等杀死的作用。

猫食用肉块等的时候，会侧着脑袋大幅度地摇晃，"嗷呜嗷呜"地大吃。这是在用左右某一侧的臼齿咬住肉块，一边把剩余的部分甩下来一边吃。咬到大小适中的肉几乎不嚼就囫囵吞下去了。和从口腔内就开始消化吃进去的食物的人类不同，**猫消化食物是从胃里开始的**，所以不需要担心。

或许是这种动作的遗留，即使是没有吃过肉块的家猫，在大口吞咽湿食，"嘎啦嘎啦"地大嚼干的食物的时候，也会歪着脑袋拼命地晃着吃。看起来就像在一边吃一边点头："好好吃，好好吃。"

然而，有时候明明已经吃完了，还像在吃着什么东西一样晃脑袋，或者像牙齿缝里塞了什么东西一样动嘴巴，把脑袋偏向一边的话，可能是口腔炎和牙周病（牙龈息肉、牙周炎）等的征兆。特别是如果猫咪有口臭的话，最好尽量早点咨询兽医。

猫是用臼齿撕咬肉块、直接吞下。

考虑到追捕猎物自给自足的猫一天要进食 10 次以上，给家猫也不要一次给一天的食物，**分多次给比较理想**。

虽然如此，一天里喂 10 次食也不现实，所以可以结合猫的年龄（生命阶段）、活动量推测必要热量，再根据身体状况、食欲、主人的生活规律等进行考量，决定喂食的时间和次数（一天 2 ～ 4 次）。为了帮助幼猫和高龄的猫进行消化，可以**尽量减少一次喂食的量，同时增加喂食的次数**。

一旦决定了喂食的时间，最好每天同一时间给它喂食。不固定时间，一天都把猫粮放在外面，对没有时间的主人来说最合适不过，猫想吃了就可以去吃，感觉是理想的做法。但是，这样做不但不卫生，还会让猫咪养成停不下嘴的习惯，也是造成肥胖的原因。

如果猫粮放了 30 分钟以上猫还没有来吃，最好把猫盆清理干净，过上 1 ～ 2 个小时再倒出来。如果养了好几只猫，需要准备和猫的数量相当的猫盆，为了防止食欲旺盛的猫偷吃或者争抢，最好分别放置，或者放到长得胖的猫够不着的高处，甚至在笼子里面喂食，采取一定的措施。

对不需要捕食猎物的猫来说，主人为自己准备食物的时间，是猫咪最开心、最激动的时刻。其实，人们甚至发现，和主人亲密无间的猫咪，进食的时候要在主人身边才安心。因此，每天最少也要定时喂食1次，创造机会观察猫咪吃东西的样子。

　　通过平时观察猫咪进食的情况和饭量，和往常有所变化时，主人就能马上发觉它有没有食欲，也能尽早地发现病症。

少量多餐

喵~ ♥

开饭啦~ ♥

猫在能够自由进食的状态下一天要少量地吃十几次。吃饭对家猫来说是最开心、最兴奋的时刻。即使是平时十分高冷的猫咪，在这时也会跟主人撒娇，所以对主人来说也是快乐的一刻。

现在就喂你哦

有吃得快的猫咪或抢食的猫咪时，可以想办法把猫盆分开放置，或者放到长得胖的猫咪够不着的高处去。利用笼子和纸箱喂食当然也没问题。

60

猫能尝出哪些味道？

捕食猎物的猫不管肚子有多饿，也不会吃长时间在太阳下曝晒、已经腐烂的老鼠。猫**对酸味、苦味、鲜味、咸味有反应，不太能尝得出甜味**。对肉食性的猫来说，比起碳水化合物里的甜味，感知食物里是否含有构成蛋白质的氨基酸的鲜味，还有腐败的肉和毒物里的酸味和苦味更为重要。

聚集着感知味觉的细胞、被称为味蕾的味觉感受器，在人类的舌头上分布着大约 9000 个，而在猫的舌头上只有大约 500 个。但是，猫的嗅觉比人类灵敏，仅仅通过嗅觉就能获得许多有关食物的信息。因此，不想吃的食物嘴巴碰都不碰，用鼻子就排除了。而且，猫不止要尝食物的味道，还要考量用舌头触碰时的温度和口感，最终判断吃还是不吃。

猫尝不到甜味吗？

猫无法区别加了蔗糖和没有加蔗糖的水，由此可以判断，和大多数哺乳动物不同，猫无法感知蔗糖的味道——也就是甜味。但是，也有研究发现，让猫从加了少量盐的水、加了少量蔗糖的水和什么都不加的水里选择的话，它会选择加了蔗糖的那杯，这说明猫也**并非完全感觉不到甜味**。

猫能够敏锐地感知到人类尝不出来味道的水，所以我们推测只是这对猫来说无关紧要，所以无视了溶于水中的糖的味道。

实际上，有很多猫奴发现，猫咪看到冰淇淋、蛋糕、点心、面包就会飞奔过来，让人想"这不是能感觉到甜味吗"。当然，让猫做出反应的不是甜味，而是黄油、奶油当中富含脂肪的味道和口感。从习惯中习得的要素也是很多。

最近也有一份很有意思的研究报告指出，猫无法感觉甜味是因为控制猫的味蕾上感知甜味的接收器的基因没有发挥作用，但猫的味觉仍是一个未解之谜。

闻闻

猫能对酸味和苦味做出敏感的反应，但对甜味很迟钝。对肉（蛋白质）的鲜味则有些挑剔。

加了蔗糖的水　　　　自来水

61

为什么偏胖的宠物猫越来越多？

　　猫和狗相比，对食物的喜好非常明确，印象中会适量斟酌，不太会大吃特吃。事实上，可以认为猫有着一定程度上管理自己必需的热量的能力。

　　研究表明，在种种条件下**让猫自由选择热量来源**——主要营养素（蛋白质、脂肪、碳水化合物）含量不同的食物，**它会控制碳水化合物的摄取量，先摄取主要能量蛋白质，接下来是脂肪**，对营养素的摄取量和热量本能地进行调整（沃尔瑟姆研究所）。

　　但是近年，为什么偏肥胖的宠物猫越来越多了呢？这一点和人类的肥胖一样，来自**饮食过量**（摄取了过剩的热量）或者**运动不足**（没有充分消耗热量）。如果不考虑猫必需的热量，不断地给它喂零食和食物，猫变胖也没有办法。不用自己狩猎、运动量较少的宠物猫，源源不断地享受着比老鼠更美味的猫粮等各种美食，不知不觉就吃多了也是当然的。

　　而且，可以认为把好几种猫粮混在一起给猫喂食，或者经常更换猫粮的品种，可以培养猫咪自己控制必需热量的能力。有些"演技派"猫在每个家庭成员回来时都要装作肚子饿的样子，哀叫着跟主人要吃的，也有些"老油条"猫还经常偷偷地从邻居那里要吃的。

计算体态得分

肥胖会导致各种各样的疾病。平时要结合猫的年龄和体重、运动量等推算每日必需的能量，给猫咪适量的食物，这一点非常重要。猫粮的包装上有时会标注出"每千克体重喂食量"，但如果按照指示量给偏胖的猫喂食，只会让猫咪越来越胖。

我们还有一个判断猫是否是理想体型的指标，这就是猫的**体况得分**，可以根据这一指标判断猫是否是理想体型。其中，评价的关键在于以下 3 点：

· 可以摸到肋骨。

· 可以从上方看到腰的窄部。

· 肚子上是否有脂肪。

定期（最少每月 1 ~ 2 次）称量体重，让猫咪保持理想的体重、理想的体型，这也是让它们活得更久的关键。猫的理想体重，一般以猫 1 ~ 1 岁半时的体重为准。

猫的体态得分

猫的体况得分（1 ~ 9）是世界小动物兽医协会（WSAVA: World Small Animal Veterinary Association）制定出的评价猫的体型的指导准则。理想的猫的体型为 5，越接近 1 说明越瘦，越接近 9 说明越胖。

🐾 猫的体态评估表

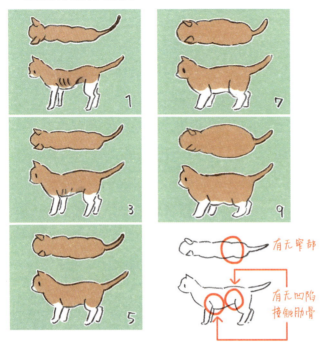

有无窄部

有无凹陷
接触肋骨

1	过瘦（约理想体重的60%）	能看见肋骨（短毛品种），能轻易摸到腰椎和骨盆的一部分（肠骨）。摸不到脂肪，腹部有明显凹陷。
3	偏瘦（约理想体重的80%）	肋骨被一层极薄的脂肪覆盖，很容易就能摸到，腰椎也很容易摸到。肋骨后面腰明显有一个变窄的地方，腹部只有一点点脂肪。
5	理想体型（理想体重）	匀称的体型。肋骨上覆盖一层薄薄的脂肪，可以摸到，肋骨后方腰有窄部。腹部有薄的脂肪层。
7	偏胖（约理想体重的120%）	肋骨上附着着一定程度的脂肪，很难摸得到。腰几乎没有窄部，腹部浑圆，覆盖着中等程度的脂肪层。
9	肥胖（约理想体重的140%）	肋骨上有一层厚厚的脂肪，无法触摸到。腰椎部、脸部、四肢有大量脂肪。腹部膨胀，覆盖着过剩的脂肪层，腰没有窄部。

🐾 猫体重的测量方法

1	抱着猫称体重，减去自己的体重。
2	很难抱着的话，平时可以若无其事地放一个袋子、小箱子或纸袋，趁着猫咪钻进里面的时候，整个放在体重计上，再减去空袋子的重量。
3	家里没有体重计的话（如果是喜欢钻进袋子里，会乖乖不动的猫的话），推荐使用电子吊秤。既不需要占用空间，价格也很便宜。
4	使用家里的体重计、婴儿用体重计或宠物用体重计，用零食或玩具把猫咪引到体重计上进行测量。

抱着测量

主人抱着猫咪测量体重，再减去自身的体重。

装进纸袋测量，再减去纸袋的重量。

用电子吊秤测量。

* 每个月最少要在同一时间段测量 1~2 次，立刻做记录。

猫一天大概需要多少热量？

那么，猫一天大概需要多少热量呢？虽然猫粮的包装上写明了喂食方法（一天大概的量）和平均100克所含的卡路里（代谢热量），但即使是相同体重的猫，每天所必需的热量也有个体差异。根据年龄（生长阶段）、性别、健康状态、体型、活动量、是否做过绝育手术等也有偏差。

猫的活动量主要取决于猫的品种和生活方式（生活在室内、可以自由出入、同时饲养多只等）。此外，也有报告显示做过绝育手术的猫必需的热量要比没有做过的猫少 25% ～ 35%。如果继续给它和之前相同卡路里的食物就会容易肥胖。**猫平均一天所需的热量（DER）可以简单进行计算**，为了有一个标准，还是了解一下比较方便。

首先，用 70× 体重的 0.75 次方计算出安静时的必要热量（RER）。在这个 RER 值的基础上，根据 DER ＝系数 ×RER 这个式子计算一天的必要热量（DER）。经常用到的系数如下所示。以做过绝育手术、体重为 3 千克、身体健康并且是理想体型的成猫为例进行计算，一天所必需的热量（DER）如下：

$$平均一天所需热量（DER）$$
$$= 1.2 \times (70 \times 3^{0.75}) \approx 192kcal$$

以此类推，体重为 4 千克需要 238kcal，体重为 5 千克需要 281kcal，体重为 6 千克需要 322kcal。并非单纯地 6 千克

的猫所必需的热量就是体重 3 千克的猫的 2 倍。参考喂食量有时候其实要比猫咪实际上必需的热量显示得要多一些，所以把每 100 克猫粮的代谢热量用卡路里表示出来的话，就可以计算平均一天的喂食量了。

比方说，标示"每 100 克代谢热量为 350kcal"的干粮，做过绝育手术、体重 4 千克的猫平均一天所需的量为 68 克。所给食物的量只要在量杯上认真做一个标记，就不用每天称量了。嫌这种计算方式麻烦的人可以利用自动计算猫所需卡路里的网站。

🐾 每天所需热量（DER）的计算方法

DER ＝系数 ×RER
RER ＝ 70× 体重（kg）$^{0.75}$
RER：安静时所需热量

相同体重的猫也由于种种因素，一天所需的热量不尽相同。此外，每天所需的热量（DER）有时也用维持热量（MER）表示。

🐾 系数

成长期的猫 → 2.5
没有做过绝育手术的成猫 → 1.4~1.6
做过绝育手术的成猫 → 1.2
运动量少、比较偏胖的成猫 → 1.0
有点胖的成猫 → 0.8

用量杯确定喂食量，把每天所需的量分 2~3 次喂食。

喂什么样的食物最好呢？

接下来就该挑选猫粮了。近年来信息越来越多，专家的行列里也不乏"只给干粮不太好""猫本来是肉食动物，所以应该喂肉食"等声音，猫奴们也很头疼。各种各样的猫粮都有它们的优点和缺点，根据它们的优点随机应变，灵活进行选择是再好不过了。

有一个基本原则是**不要执着于一种食物，以营养搭配平衡的市售猫粮为主**。每周可以有几次少喂一些猫粮，喂一些肉（除生猪肉以外）、鱼等新鲜的食材（不超过 20%）。有时间、有兴趣的人可以学习一些猫的营养学知识，偶尔做一些吃的给它也很好。

这时，必须**确认这些食材是否对猫咪安全无害**。比如大葱、洋葱、大蒜、鳄梨、葡萄干、葡萄、可可等食物，对人来说是安全的食材，对猫来说却是有害的。

如果长期只给猫咪喂自己做的食物，必须对猫咪必需的热量和营养均衡情况进行检查。营养素不足或过量摄入都有可能损害健康。比如，当必需氨基酸——牛磺酸摄入不足时，就会导致眼睛失明（视网膜病变）、心脏病（扩张型心肌病）、繁殖障碍（流产、死胎等）。如果每天给猫喂食肝脏，会导致维生素 A 摄取过量，引发肝功能障碍和关节僵直症。

只喂食营养均衡的自制猫粮的话，有时会出现以下这些情况而无法吃到自制猫粮：把猫寄放在宠物馆或者朋友家里时，

或猫咪生病需要喂有助于疗效的食物时。此外，考虑到灾害等特殊时期只能买到特定品种的猫粮等原因，所以还是让猫能够接受市售的猫粮为好。

🐾 各种食物的优缺点

	优点	缺点
干粮	·营养均衡，容易保存，价格便宜。 ·和咬碎骨头差不多的硬度，猫咪很喜欢。 ·不在家的时候可以利用自动喂食机，非常方便。	·水分含量很少，对不喝水的猫很容易导致水分不足。 ·碳水化合物含量较高。 ·热量密度高，容易导致肥胖。 ·含有食物添加剂。
湿粮	·营养成分接近天然的食物，水分也很充足。 ·气味强烈，有些产品的口感像肉一样，容易受到猫咪的青睐。	·开封之后不易保存。 ·容易导致牙垢和牙结石的产生。 ·含有食物添加剂。 ·比干粮稍微昂贵一些。
自制猫粮（加热）	·可以选择新鲜的食材，采用不同的调理方法以满足猫咪的喜好（味道、温度、口感），饮食生活也更加丰富。	·可能会不慎使用对猫有害的食材，或者导致营养不平衡（特别是维生素和矿物质的不足），因此需要一定猫的营养学知识。 ·耗费工序。 ·生肉和生鱼不注意新鲜度和卫生的话，具有感染疾病（比如沙门氏菌、弓形虫、寄生虫等）的危险性。
生肉、生鱼（除猪肉外※）	·符合猫本来的生理机能，容易消化吸收，满足猫的食欲。 ·不易产生牙垢和牙结石。	

以上是各种食物的优点和缺点。不管是哪种食物都有它的优点和缺点，因此要注意不要一直只吃一种食物。

老鼠体内含有大约 70%~75% 的水分，12%~19% 的蛋白质，7%~12% 的脂肪，1%~4% 的矿物质，1%~2% 的碳水化合物。

※ 感染了由猪肝病毒导致的狂犬病的猪肉，猫咪吃了会死亡。

147

　　挑选猫粮的要点在于食物的营养价值、安全性和偏好性。平衡地搭配猫咪所必需的各种营养素（水、蛋白质、脂肪、碳水化合物、矿物质、维生素）非常重要。

　　特别要关注的是对猫的身体最不可或缺的营养素——蛋白质和脂肪，选择容易消化吸收、**富含优质蛋白质**的猫粮。猫的体内无法合成的必需氨基酸（牛磺酸和精氨酸）和必要脂肪酸（花生四烯酸）等，对维持猫的健康是不可缺少的。昂贵的猫粮未必好，但极端便宜的猫粮含有大量的谷物（玉米、小麦粉等）和肉的副产物等，还是尽量不要选择。

　　猫粮的原材料名称是按照用量由多到少的顺序标示的。我个人的意见是，看一下标签上所写的原材料名称，如果明确标记第一原材料不是谷物而是动物性蛋白质，此外其中有某种鱼和肉（牛肉、鸡肉、火鸡、金枪鱼）的话就可以安心购买了。

　　此外，猫咪的粪便状态是消化吸收率的指标。食用容易消化吸收的高品质食物的猫的粪便，软硬适中，体积较小。食物的消化吸收率越差，粪便的量就越多。

　　注意防腐剂（防氧化剂）和合成色素等添加物，选择安全的猫粮也十分重要。包装上的字体有可能太小不容易看见，为了爱猫的健康，还是仔仔细细地看一次猫粮的标签，确认必要事项是否标记得一清二楚。

把含量换算成干燥重量以后再进行判断

根据水分含量的多少，猫粮大致分为干粮（水分含量 10% 左右）、半生食、湿粮（水分含量 70% ～ 80%）等。看包装上的标记，常常给人干粮的蛋白质含量更高的错觉，但是其实干湿两种类型的水分含量不同，因此**在比较蛋白质含量的时候，必须换算成去除水分以后的干燥重量**。

通常，猫粮的标签上，粗蛋白质、粗脂肪、粗纤维、粗灰分及水分等的重量比，都用 %（百分比）进行标示。

举个例子，一种 100 克湿粮的成分表中写着水分 80%（＝干燥重量 20%）、粗蛋白质 10%，而另一种 100 克干粮的成分

🐾 标签所示项目的检查要点

1	标明是猫粮还是狗粮
2	宠物食物的目的（综合营养粮或零食等）
3	内容量
4	喂食方法（每天或每次的标准喂食量）
5	生产日期和保质期
6	成分（用 % 标示出粗蛋白质、粗脂肪、粗纤维、粗灰分、水分等的重量比，或者标明每 100 克的热量值）
7	原材料名称（主要原材料由多到少进行标示）
8	原产国名
9	生产厂家名称、地址

选择猫粮的要点在于营养价值、安全性和偏好性。标签上写着"按照美国饲料控制协会（AAFCO）标准生产"的话，说明通过了和人的食物同级别的审查，可以作为放心的标准。

表写着水分 10%（＝干燥重量 90%）、粗蛋白质 30%。将去除水分的干燥重量当作 100%，对粗蛋白质含量重新进行计算，可以得到这两种猫粮分别为 50%（湿粮）和 33%（干粮），比较干燥重量中的蛋白质含量的话，湿粮比较高。

顺带一提，美国饲料控制协会（AAFCO）发表的《猫粮营养档案》（Cat Food Nutrient Profiles）列出的清单上指出，成猫所必需的（干燥重量）蛋白质含量、脂肪含量，分别不得低于 26%、9%。

原材料名称

禽肉（鸡、火鸡）、玉米、大米、玉米谷蛋白、纤维素、鸡肉提取物、动物性油脂、植物性油脂、小麦、矿物质（钙、钠、钾、氯、铜、铁、锰、硒、锌、硫、碘）、维生素（A、B_1、B_2、B_6、B_{12}、C、D_3、E、β 胡萝卜素、烟酸、泛酸、叶酸、生物素、胆碱）、氨基酸（牛磺酸、蛋氨酸）、左旋肉碱、抗氧化剂（维生素 E、迷迭香提取物、绿茶提取物）

成分

保证分析值			
粗蛋白质	29.0% 以上	磷	0.40% 以上
粗脂肪	6.0%~10.0%	镁	0.085% 以上
粗纤维	8.5% 以下	牛磺酸	0.10% 以上
粗灰分	7.0% 以下	左旋肉碱	300mg/kg 以上
水分	10.0% 以下	维生素 E	550IU/kg 以上
钙	0.60% 以上	维生素 C	70mg/kg 以上

以上是某种干粮的成分表。含有粗蛋白质 29% 以上、水分 10% 以下，因此可以得出蛋白质含量为 29÷90 ≈ 32% 以上。

高龄猫的食物需要注意哪些地方？

成长期结束后的动物，在日常活动的同时又能维持体重所必需的热量，称为**代谢能量（MER）**。人类和犬类的代谢能量都会随着年龄增长、基础代谢和活动量降低而逐渐减少。

但是，研究表明，猫的代谢能量也随着年龄增长逐渐降低，活动量并不增加，但步入高龄、大约11岁开始却会逐渐增加。本来就无所事事总是睡着打发时间的猫，步入高龄以后活动量并没有显著下降，为什么代谢能量反而增加呢？

猫不同于人类、犬类，是纯粹的肉食动物，能够有效利用蛋白质和脂肪作为能量来源。因此，吃猫粮过活的猫也有55%以上（在自然界中捕捉猎物自给自足的猫为90%以上）的能量是从蛋白质和脂肪中摄取的。

但是，研究表明，猫进入高龄期以后，这些营养素（特别是脂肪）的消化率显著下降，**为了补充热量，代谢能量就会随之增加。**

代谢能量增加以后，如果继续摄取和之前一样的能量，就会导致体重下降。内脏功能、嗅觉和味觉的衰退导致食欲下降，更加使得体重减少。当然，进入高龄期以后，食欲不振和体重减少多半是某种疾病（特别是慢性肾病、内分泌系统的病症、牙周病等）的征兆。因此，家猫到了中老年以后，主人必须从平时细致入微地观察，定期带猫咪到动物医院进行健康诊断。

高龄猫用的食物是什么？

考虑到高龄猫的健康，市售猫粮也有标着"×岁以后""年长猫用""高龄猫用"等字样的猫粮（综合营养粮），但这些标记并无特殊规定，是符合成猫用的综合营养粮基准的食物。

高龄猫用的综合营养粮是各个猫粮厂商根据高龄期的猫的体质变化，自己反复研究开发并商品化的产品。比如，干粮的话会把颗粒做小使其更容易吃到嘴里，或者采取措施让必要的营养素变得更容易消化吸收等。

此外，还有一些猫粮为了不对肾脏和心脏带来负担，而对矿物质（磷、钠等）的含量，以及蛋白质、脂肪、碳水化合物的比例都按照猫的年龄和体型进行了调整，并添加了维持细菌

🐾 猫的年龄和每 1 千克体重与代谢热量间的关系

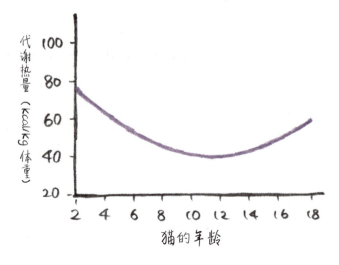

超过 11 岁以后，猫的代谢热量会再次上升。但是关于高龄猫的营养学，还存在着许多疑问。

平衡的成分。

此外，还有一些添加了特殊成分的猫粮。如对于维持眼睛和心脏健康非常重要的牛磺酸，减少体内的活性氧、同时提高免疫力的抗氧化物质（维生素 C、维生素 E、β 胡萝卜素），有抑制炎症效果、身体必需的脂肪酸（Ω3 脂肪酸），维持关节健康的葡萄糖胺等。

但是事实上（符合 AAFCO 制定的成猫喂食标准的基础上），通过比较高龄猫用的猫粮的成分以后发现，不同的产品差别很大。

为了让宠物猫活得更久，需要根据猫的个体差异，灵活选择猫粮。有的猫 7 岁时就开始表现出明显的老化征兆，也有的猫到了 12 岁还保持着理想体型，精力充沛，活力满满。低热量的高龄猫用猫粮适合有点偏胖的猫，但对偏瘦的猫来说，热量方面不是很合适。

不只是要注意写着"×岁以后"的猫粮，对于食物标签上的记载项目（成分和原材料名称、代谢热量）一定要仔细查看，**选择适合自己的猫的食物**。如果猫即使进入了中高龄期，身体健康并保持理想体型、理想体重，还很喜欢含有猫所必要的营养素、营养丰富的成猫用综合营养粮，吃得津津有味的话，也不用急着换成高龄猫用的食物。

不要等猫进入高龄以后，而是从它年轻有活力的时候就开始检查猫的体型（体况指数），规律地测量体重，保持理想体型、理想体重，有助于猫活得更久。为此，也要把握猫每天大致所需的热量，根据体型、体重调整卡路里的摄入（喂食量）。

对偏胖的猫，选择低卡路里（低脂肪、高蛋白质）的食物，在喂食的方法上下点功夫的话（是干粮的话，把食物藏在什么地方，或者放在弄倒以后会从小孔里每次只出来一点的装置里等），也能增加运动量。猫咪喜欢的话，可以喂比起干粮含有大量水分、热量密度较低（综合营养粮）的湿粮，可以吃很多才有饱腹感，很适合减肥。此外，激进的减肥会对身体造成负担，不应该着急，**以每周减少 1% ～ 2% 的体重为目标调节卡路里的摄入**。有不明白的地方，可以向兽医咨询。

相反地，吃得很少、日渐消瘦的猫，为了让它即使少量摄入也能获取充足的能量，要选择高卡路里的食物。考虑到随着年龄增长，消化机能和肾脏机能也逐渐衰竭，**选择容易消化吸收、营养价值高、蛋白质含量丰富的食物**非常重要。

为了预防高龄猫中多见的慢性肾病，需要让猫摄取足够的水分，限制磷的摄入量。我们也发现了体重减少是加剧慢性肾病的一个危险因子。人们通常觉得低蛋白质的食物对肾脏比较好，但是至今并没有研究报告显示，给进入中老年的健康猫咪为了不对肾脏造成负担，提供低蛋白质的食物有预防肾病的效果。最新研究表明，进入高龄以后，为了维持内脏机能和肌肉功能以及抵抗力，也应该增加容易消化吸收的优质蛋白质的摄取量，以及来自蛋白质中的能量摄取。

由于拔掉牙齿或者牙和下颌的力量变弱，吃坚硬的干粮比较困难的猫，可以用热水把干粮泡软，或者慢慢增加水分多的湿粮。根据猫的食欲好坏，把 1 天的总量分几次（3 次以上）喂，

每次的喂食量就会减少，对内脏的负担也会变小。此外，把食物稍微加热一下，或把猫盆放在猫的鼻尖或稍微高一点的位置，可以更容易吃到。

此外，如果经检查发现了明显的内脏病变，应该根据病情改变食物的种类，有必要进行饮食治疗。一定要在接受兽医诊断的基础上，选择恰当的治疗饮食。更换食物种类的时候，为了不对肠胃造成负担，每天在原来的食物中添加一点（大约十分之一）新的食物，需要花费一些时间。

🐾 高龄猫饮食管理的要点

1	保持理想体型、理想体重有助于维持健康，通过规律的体重管理调整必需的热量。
2	为体型偏胖的猫选择低卡路里的食物。为了增加消化的热量消耗，减少空腹的时间，要把一天的总量分数次喂食。同时也不要忘了运动。
3	猫瘦下来以后，喂猫咪喜欢、容易消化且高卡路里的食物（重视偏好性、消化吸收性和热量）。
4	将食物稍作加热，放在比较高的台子上等，喂食的方法也要讲究。
5	保证猫咪饮用足够的水。
6	针对高龄猫中多见的内脏疾病（肾脏、肝脏疾病），需要根据兽医的诊断选择有疗效的食物。

猫咪对食物的好恶强烈吗？

不管给猫咪喂多么优质的猫粮，猫咪如果不吃就一点办法也没有。根据猫咪的喜好以及营养价值、安全性进行选择十分重要。决定这一切的，是**动物性蛋白质（牛磺酸）和脂肪的味道**。

虽说如此，但是如果和好几只猫一起生活的话就会发现，有的猫只有当闻到鱼的气味才会飞奔过来，有的猫却对鱼没有丝毫兴趣，而是喜欢"嘎吱嘎吱"地吃干粮，还有的猫却可以津津有味地吃黄瓜和白菜，每只猫都有着自己的偏好。

就像我们觉得从小时候就吃惯了的食物比较美味一样，猫咪也受到幼猫时期喝的猫妈妈的奶（猫妈妈吃的东西）和断奶以后 6 个月左右之前吃过的食物的味道的影响，到 12 个月的时候，对于食物的偏好就已经定型了。这一时期如果尝试各种各样的食物，长大以后就会积极挑战新的食物。相反地，如果只给它同一种味道的食物，猫咪就很可能只青睐这一种食物，变得偏食。

而且，吃了一次以后如果拉肚子或者肚子痛的食物，猫咪能够学会不吃为好。将食物和不愉快的感情联系起来以后，在生病或哪里痛的时候，吃过的食物就会遭到猫咪的厌恶，可能以后再也不会吃了。

实际上，也有报告显示，吃惯了各种各样味道的食物的猫咪，把一直吃的猫粮和新的猫粮混合起来的话，几乎所有的猫咪都会去尝试新的那种。**猫在对吃惯了的东西很有执念的同时，又在不断地追求新的味道，是一种对味道十分挑剔的生物。**猫粮的种类远多于狗粮的种类也能证明这一点。

严禁频繁更换食物

前面说明了猫有自己大概把握食物的卡路里摄取、管理必需能量的能力，但是调查显示这种能力对于一种食物最少都需要3～4周时间才能掌握，如果食物换得太勤，会妨碍猫咪的这种能力，造成挑食或肥胖。

猫咪肚子不太饿或者给的食物不喜欢的时候，用舌头舔鼻头的动作和舔食物、闻气味的时间就会增加。相反地，如果对食物很满意，舔嘴巴和整理脸部毛发的时间就会增加。

猫对食物的偏好是在出生后6个月之前决定的。
图为"不满意"的吐舌头和"满足"的吐舌头的区别。

不吃食物是因为觉得难吃吗？

　　有时候就算拿出猫咪平时一直吃的食物，它也会只是闻一下气味而不会放到嘴边，或者只吃一点就不吃了。就算是有些食欲不振，如果和平时一样精力充沛，也没有发烧（正常体温是 38～39℃），排尿、排便也很正常，就没必要慌张。

　　敏感的猫咪，饭盆上有污渍、残留着洗涤剂的气味，以及客人来访、噪声、野猫的出没等，这些心理原因有可能导致它们拒绝进食。或者有时是季节（春夏之交）导致的食欲下降。而不吃食时，主人马上给它其他的食物或它最爱的食物的猫咪，就会学会"不吃这个的话就会给我更好吃的东西"，大概是在期待着别的食物才拒绝吃东西。

　　此外，还有一种说法认为，捕食猎物的猫有一种为了防止营养不均衡，而**有意识地避免只吃一种猎物的机制**。家猫突然不吃一直都吃的食物，也是因为这种机制发挥作用，察觉到营养失衡，开始寻求其他的食物。

　　不管是哪一种情况，如果过了 30 分钟左右，猫咪还不吃食，就先把猫粮收起来，过 1～2 小时再拿出来。在这段时间里花上大约 10 分钟用逗猫棒等陪猫咪玩一会儿，让它运动运动，转换转换心情，说不定肚子就会饿了。猫盆脏污或者食物口味，甚至食物的量太多都有可能成为问题，所以这次在清洁的猫盆里重新放上比上次更少的食物。如果过 1 个小时还不吃，就当作猫咪肚子还不饿，把食物收起来吧。一两次不吃也没什么问题。但是，如果下次吃饭的时间还是不吃，就给它一点点平时不吃的食物吧。

食物的气味和温度也会影响食欲。如果平时喂干粮，可以在上面浇一点湿粮（增强气味）；如果平时喂湿食，可以在微波炉里稍微加热一下（38℃左右）来刺激嗅觉，猫咪的食欲就会高涨。如果是和主人很亲密的猫，在指尖蘸一点给它闻一闻，猫咪就会来吃了。此外，有时候试试把猫盆换成稍大一些的扁平容器（小心碰到胡须），放到安静的地方以后，猫咪也会跑过来吃。

但是，如果猫咪对最喜欢的食物也完全不搭理，或者整整一天完全没有吃东西的话，就有可能是生病或者受伤了，观察以后要视情况向兽医咨询。

🐾 猫咪食欲不振的原因

1	偏食。
2	不喜欢食物的气味。
3	不喜欢食物的温度。
4	猫盆脏了或残留着洗涤剂的味道。
5	对营养均衡不满意。
6	心理原因（压力？）。

整整一天没吃东西说明身体出问题了。

68 猫为什么会大口大口地吃草呢？

　　猫喜欢吃禾本科的草，可以认为**这是为了补充缺乏的食物纤维和维生素、刺激胃部以及吐掉舔毛的时候吞进去的毛球**。但是，猫对猫草的反应有个体差异，就像人嚼口香糖一样，猫也可能是在享受"嘎吱嘎吱"地嚼草的感觉。

　　被喂着营养均衡的食物的家猫，不会缺乏食物纤维和维生素，也不必给它喂猫草。但是如果猫咪喜欢吃的话，栽培猫草的套装也很容易就能买到，为了排解压力、转换心情也可以准备一套。

严禁让猫吃到有毒的植物

　　而且不止猫草，有的猫还会舔或吃随意放在室内的鲜花和观赏植物。于是，就不得不注意猫咪产生中毒症状，最坏的情况甚至有可能导致死亡。要在室内摆放植物，事先查一查该植物对猫是否有毒就放心了。虽说如此，猫食用以后有可能引发中毒症状的植物现在大约有 400 种。

　　在猫咪出入的房间里不要放猫草以外的植物就最好不过了。经常用来装饰房间的花和观赏植物中，紫阳花、孤挺花、芦荟、马蹄莲、仙客来、水仙、铃兰、郁金香、杜鹃、一品红、百合、绿萝、丝兰、橡皮树等都是对猫有害的。

特别是百合科的植物，花、花粉、叶、茎等所有部位都对猫有毒，有的猫光是舔到沾在身上的花粉、喝了插着百合的花瓶里的水，就出现了中毒症状。还有吃了一点摆在房间里的百合花的花瓣和叶子，就导致急性肾炎从而致死的例子也不在少数，因此一定要多加注意。

百合对猫来说有毒！

🐾 猫草的作用

1	补充食物纤维和维生素。
2	吐出不小心吞进去的毛球。
3	嚼着舒服的小零嘴。
4	转换心情。

有些随处可见的观赏植物对猫居然是有毒的。

给对植物感兴趣的猫准备一些猫草。

为什么猫咪会想要喝水龙头里的水？

有的猫放着新鲜的水不喝，却喜欢喝水龙头里流出的水、花瓶里的水、水桶里储存的水、洗面台上的水。猫品尝水的感觉非常敏锐，因此**对水的温度和味道反应都很敏感**。

猫还会因为种种理由拒绝喝水。比如讨厌水龙头里的水的氯（漂白粉）、水太冰了、盛水的容器不干净或残留着洗涤剂的气味。用温水把水盆冲洗干净，换成不那么冰凉的水或者凉凉的开水，猫咪喝水的次数就会增加。

此外，有着每天断断续续不停地吃东西习性的猫，喝水也喜欢每次喝一点（10毫升左右），一天喝很多次（12～16次）。

如果是吃老鼠的猫，因为老鼠体内含有70%～75%的水分，就不太需要摄入大量的水。但是，如果是吃水分含量只有10%左右的干粮的猫，不摄入充足的水分就头疼了。最少也要喝干粮量的2倍（1克干粮对应2毫升水）的水。

不喝水的时候就改变水盆的位置和容器

虽然如此，明显比平时频繁地喝水、排尿量也变多的话，也可能是泌尿系统或内分泌系统病变（糖尿病等）的征兆。此外，猫到了高龄以后肾脏功能衰退，也会比年轻的时候更频繁地喝水。

作为不太喝水的对策，我们需要改变视角，把水盆放到离饭盆比较远的地方，或者在稍微高一点的地方放上好几个，不要放在地板上。猫咪或许会选择中意的地方多喝水。

很多猫对水盆也有自己的偏好，可以准备几个陶器、玻璃、塑料、铝等不同材质的。虽然有些费工夫，每只猫咪对水的喜好都不一样，所以最好还是让它选择。

还有不少猫咪对水的流动感到好奇，喜欢从水龙头处喝水。如此喜欢流动水的猫咪，可以试试插上电源以后水就会不停地循环流动、可以满足猫咪好奇心的市售循环式饮水机，猫咪说不定会很喜欢。

涓涓细流

唉

也有的猫对循环式饮水机兴致盎然。

猫对水的味道有些挑剔。在好几个地方分散放置水盆，让猫咪在自己喜欢的地方喝水。

猫和流体力学意想不到的关系

美国麻省理工学院研究流体力学的物理学家在 2010 年发表了一份关于猫的喝水方式的论文。猫从水盆里喝水的时候，会用舌尖稍稍后卷的舌头像在轻舔水面一样伸出。然后，用嘴迅速地把舌头回到口中的瞬间形成的水柱抓住。以什么频率（每秒 4 次）吐舌头才能喝到更多的水，猫本能地把握着重力和惯性的平衡。**猫咪喝水的优雅姿态背后，隐藏着流体力学的道理。**

这位学者在看自己的猫喝水时灵光一现，所以说用不一样的眼光观察猫咪，说不定就能在各种各样的领域有新的发现。

喝水的猫咪。对养猫人来说是非常常见的场景。

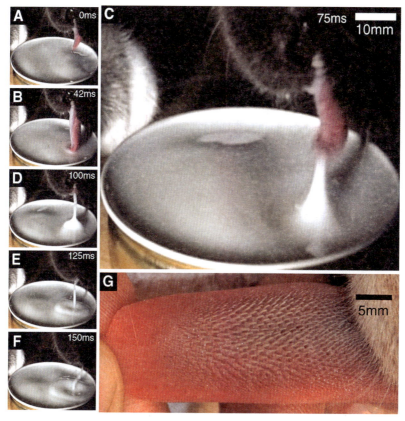

猫咪喝水的过程（A~F）。像轻舔水面一样伸出舌头，在舌头回到口中的瞬间，用嘴迅速接住形成的水柱。G是猫舌的表面。接触水面的是舌尖的光滑部分。

出处：Pedro M. Reis, Sunghwan Jung, Jeffrey M. Aristoff, Roman Stocker,
"How Cats Lap: Water Uptake by Felis catus", Science, 330, 2010, PP.1231-1234

70 猫咪能喝牛奶吗？

　　我想大家或许在电视或者电影里看到过生活在牛舍里的猫喝刚挤出来的牛奶的情景。可能是因为这样，在很多人的头脑中，都有"猫喜欢喝牛奶"这个印象。

　　另一方面，各位养猫的读者们是否听说或者读到过，"猫的小肠没有**分解乳糖**的**酵素**，饮用牛奶会引起消化不良，导致拉肚子"呢？

　　小猫吸猫妈妈乳房的时候，身体会分泌足够的分解乳糖的酵素乳糖酶，但随着断奶，切断制造乳糖酶的基因开关的机制就会发挥作用，不再产生乳糖酶。

　　但是，断奶后一直喝牛奶的猫的小肠能一定程度上维持乳糖酶的分泌，对乳糖的耐受度有个体差异。这和有些人在摄入牛乳或乳制品以后也会产生拉肚子或者肚子不舒服等乳糖不耐症的症状是一样的。

经常喝牛奶的猫应该没问题，但是……

　　由于人种和民族也有很大差异，乳糖不耐的有无还受到长期以来的饮食习惯以及随之而来的基因差异的影响。因此，**应该避免给不熟悉的成猫喂牛奶**。

　　但是，求主人喂给它牛奶，并且一直有喝牛奶的习惯的猫咪，像往常一样给它少量的牛奶也没什么问题。但是，饮用量没有增加，却出现拉肚子的情况的话，就不要再喂了。不含乳糖的猫咪专用牛奶也能买到，但是成猫的话没有喂牛奶的必要。

此外，**就算猫咪喜欢喝牛奶，也必须要准备新鲜的饮用水。**而且，不能把牛奶当作饮料，而是一天摄取的食物的能量源，偏胖的猫咪需要多加注意。

如果从小就喝牛奶的话

成猫以后喝牛奶也没问题！

猫对乳糖的耐受程度有个体差异。从小时候就有喝牛奶的习惯的猫，成猫以后也喜欢喝牛奶。

71 为什么木天蓼会让猫兴奋？

　　猫咪闻到木天蓼的气味的瞬间，会突然流出口水，身体瘫倒在地板上陷入恍惚状态，很多猫奴都曾对这一场景哑然。

　　木天蓼是一种广泛分布在日本的猕猴桃科、猕猴桃属的植物，它的枝叶、果实中含有木天蓼内酯和猕猴桃碱这两种物质。对木天蓼的反应，是这种物质从猫科动物的嗅觉器官传到大脑，被感知到以后引起的。为这种物质命名的大阪市立大学理学部目武雄教授，早在 1964 年就发表了一篇名为《从木天蓼的研究说起》的有意思的论文，但是猫和木天蓼的关系到现在还是一个未解之谜。木天蓼的效果也有巨大的个体差异，**有的猫对木天蓼根本无动于衷，有的猫却会为它神魂颠倒。**

　　首先，猫咪闻闻气味，晃着头又舔又咬。然后就会把身体蹭来蹭去，倒在地面上抽搐。这副模样和母猫发情时的状态非常相似。但是，出生以后 3 个月以内的幼猫却对木天蓼没有反应，由此可以认为木天蓼有引起性成熟的猫的性兴奋的类似春药的作用。

　　但是，做过绝育手术的成猫也会产生相同的反应，因此"性兴奋"或"情绪高昂"的说法，也无法确定真假。而且，我们已经知道了**是否产生反应是由基因决定的。**

只要不大量接触就没问题

通常，烂醉如泥的状态不会长时间持续，10 分钟以后效果就会消失，猫咪若无其事地恢复悠闲的状态，像是从来没有醉过一样。木天蓼除了枝叶、果实以外，还能在宠物店买到液体和粉末状的产品。如果猫咪喜欢的话，偶尔给它一点点也不会有副作用。

但是，我们也收到过猫咪过度兴奋导致呼吸困难的报告，所以一定要在主人的监护下适量接触，之后一定要放在猫咪够不到的地方。

在欧洲，人们对木天蓼并不熟悉，但是猫薄荷却有着和木天蓼同样的效果，被当作给猫咪缓解压力的玩具（将叶子干燥以后装在小布袋里）和精油出售。

关于木天蓼，居然有一本德语书作了这样的记载："在亚洲各国，木天蓼是让老虎也能乖乖听话的'麻药'，不只可以麻痹中枢神经，还会破坏脑细胞，引起中毒症状。"

分装成少量（0.5g）木天蓼的粉末，就可以放心了。

适量接触木大蓼粉末不会有问题。

猫咪发情了会有怎样的举动？

　　母猫性成熟迎来最初的发情期，根据出生季节和品种（比如暹罗猫和阿比西尼亚猫比波斯猫要早等）各不相同，也有很大的个体差异，但通常都在出生后 6 ～ 9 个月。发情时间受到日照时长的影响，在自然界的话一般都在冬去春来的时候和春夏之交，一年发情两次。在社群中一起生活的母猫，似乎还会受到其他母猫的影响，发情周期趋向一致。我们推断这是**为了互相帮助养育幼猫**。和人一起生活的猫咪，由于是室内照明，有时候发情和季节无关。

　　发情期会持续 6 ～ 10 天，但最初的 1 ～ 3 天还不能接受公猫。如果发情期没有交配，发情周期会每 2 ～ 3 周重复出现。即使是平时对公猫爱答不理的母猫，到了发情期雌性激素的分泌也会增加，态度一反常态。首先，猫咪会蹭来蹭去，在地面上翻来翻去，蹭上自己的气味，发布自己发情的消息。公猫迅速感知并执拗地嗅这个气味，有时候甚至会出现性嗅反应。如果母猫就在附近，就会强调自己的存在。

　　母猫就算搔首弄姿，最开始的几天就算公猫凑上前来也会"哈——"地威吓对方，甚至用喵喵拳追着打，或者跑得无影无踪。虽然如此，又会一步三回头地看公猫有没有追上来，渐渐不再威吓，缩短与公猫的距离。等到终于做好接受公猫的准备，就会把腹部整个贴在地面，把屁股翘起来，做出**狗爬的姿势**。

饲养在室内的母猫如果不做绝育手术的话，即使附近没有公猫也会发情。猫咪会在地板上滚来滚去，大声发出发情期特有的声音，比平时更喜欢黏着主人。有时还会食欲减退、小便的次数增加，或者在厕所以外的地方尿尿。这时如果摸到它的后背和腰部一带，母猫就会翘起屁股，做出狗爬姿势。

　　一方面，出生后 8 ～ 10 个月左右性成熟的公猫没有所谓的"发情期"这个阶段，但它们会在发情的母猫的气味（信息素）和动作、叫声的吸引下发情。母猫发情的同时，公猫雄性激素（睾酮）的分泌增加，气味和尿液标记的次数也会增加，彰显自己的存在。

母猫发情时，会软绵绵地蹭来蹭去，或者在地板上翻滚，发出大的叫声昭示自己发情了。

73 为什么公猫交尾的时候会咬母猫的脖子？

公猫在取得母猫的首肯之后，骑在母猫身上，咬住母猫的脖子，后腿蹬地，调整成像在踏步一样的交配姿势。实际上，公猫的生殖器插入只有几秒时间，但经验不足的猫则会磨磨蹭蹭地耽误许久。

公猫会咬住母猫的脖子，让母猫尽量保持不动。猫有**被抓住脖子就会纹丝不动的习性**。猫妈妈移动小猫的时候会咬着小猫的脖子就是这种习性的遗留。小猫为了躲避危险，会本能地放松身体，一动不动，这种习性一直维持到成猫之后。公猫的生殖器上有许多像刺一样反方向生长的小突起，交配的时候对母猫来说伴随着疼痛。交配的时候，这些倒刺会通过刺激母猫的生殖道促进排卵。

调查交配之后（生殖器拔出以后）母猫的行为发现，54%的母猫会发出"啊"的尖叫声，77%的母猫会用喵喵拳揍公猫，而几乎100%的母猫会舔舐自己的阴部，在地面上滚来滚去。有人说母猫的这种叫声和攻击是因为疼痛，但是之后交配还会多次重复，所以大概是一种马上就会忘记的瞬间的疼痛。

此外，还有一种说法认为交配之后的母猫恢复意识，发现自己和公猫的距离太过接近，也就是超过了危险距离，所以才会发动攻击。公猫会在母猫平静下来之前，站在大约1米远的地方伺机，准备下次交配。

交配后大约 24～36 小时就会排卵，但母猫 1 天中可以交配数次。这会使得排卵多次进行，受精的概率提高。母猫有时候会接纳其他的公猫，甚至能让和几只公猫的受精卵都着床，同时生下同母异父的孩子。

A. 交配时的母猫会翘起屁股，做出"凹背"的姿势。

B. 把尾巴向左右某一侧让开。

C. 公猫咬住母猫的脖子，后肢蹬地，弓起背部，做出交配的姿势。交配短短数秒就会结束。

D. 交配结束后，母猫会赶跑公猫，舔舐自己的阴部，在地面上滚来滚去，缓解兴奋。

公猫的生殖器上有倒刺，睾丸激素的分泌减少后，倒刺就会消失。猫的排卵是通过交配刺激产生的。

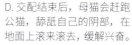

母猫如何选择交配的公猫呢？

猫的密度较低的广阔地区，往往只有一只强大的猫，会把其他的猫赶跑，才能在发情期的母猫身边不断地伺机而入，独占母猫。猫的密度较高的群体中，母猫进入发情期以后，公猫会尽可能确保一个较近的位置，公猫之间有时也会爆发冲突。

但是，到了母猫即将许可交配的时候，公猫和公猫却不会打架，**有时候会看到交配时，其他的公猫在近处静静等候的样子**。可能是不愿在重大的时刻莫名其妙地打架，无缘无故地消耗精力吧。

离母猫最近的地方，会被群体当中较有优势的首领猫占领，但母猫有时候也会跟稍微有些好感、等级较低的公猫或者其他群体中的公猫交配，交配的次数和公猫的年龄大小未必成正比。

不知道父亲是谁比较好吗？

动物学家山根明弘以住在福冈县相岛的野猫为对象，采取DNA鉴定技术调查发现，母猫和其他群体的公猫之间生出的小猫不在少数。这是相对体型较大、实力较强的公猫常常探访其他群体的母猫，背着其他公猫交配的结果。

有一种说法认为这是因为**猫有直觉性地避免近亲交配，将更加健康、有生命力的基因遗传下来的能力**。虽说如此，母猫和数只公猫交配引起数次排卵，但母猫的卵子和哪一只公猫的精子结合，却只能顺其自然，这大概是公猫之间精子级别的竞争吧？

关于母猫和多只公猫交配的原因，有"为了防止公猫杀死幼猫"的说法。猫的密度较高的群体中，公猫杀死幼猫的例子极其罕见。关于这个原因也有各种各样的说法，但是有一种非常有力：杀死母猫和其他公猫之间的孩子，等待母猫再次发情，将自己的基因遗传下去。如果是这样的话，母猫通过和多只公猫交配，如果不知道小猫的爸爸是哪一只公猫的话，就能**防止公猫杀死小猫**。

虽然如此，并不是所有的母猫都会不断地接受不同的公猫，有的母猫只接受特定的公猫，拒绝其他的公猫，所以母猫到底是以什么标准选择对象仍然是一个谜题。

正在等待下一个轮到自己的公猫。选择对象的主导权在母猫手中。

公猫与公猫之间、母猫与母猫之间，有时候会一只骑在另一只身上，咬住脖子，做出类似交配的动作。

在相岛的群体中进行的调查显示，在母猫的发情期产生性兴奋的公猫，找不到合适的交配对象的时候会找其他的公猫，而母猫也会在母猫身上自慰。但是，如果有异性它们也能正常地交配，所以并不能说是同性恋。

此外，骑在上面的猫大多是 5 岁以上、体型较大，被骑的猫大多是 2～3 岁、体型较小的猫。由这些结果出发，有"公猫造访其他的群体，错把娇小的公猫当成母猫""夸耀自己优越性"的说法。

但是，研究人员观察到，公猫之间的自慰行为只在母猫的发情期出现，而且正好在母猫被其他公猫求爱的时候发生得多，所以最有力的一种说法是，这是**为了满足性欲不满的行为**。

做过绝育手术也会自慰？！

做过绝育手术的家猫也会自慰。公猫就算去势以后，性行为也不会百分百消失，特别是有了交配经验之后或者 1 岁以后再做绝育手术，喷射尿液或者在主人的胳膊、脚、毛巾和毛绒玩具上自慰也并不罕见。如果养了好几只猫，身边其他的猫也会成为它们的对象。

　　此外，有时候也会无关性冲动，而是作为亲密接触或者游戏的一部分，在其他的猫身上自慰。骑在上面的猫多半是体型较大、处于优势的猫，所以也可以认为是一种炫耀自己优势地位的行为。

　　如果自慰的次数太多，或者被骚扰的猫咪受到惊吓，可以暂时把两只猫隔离开来，或者给被骚扰的小猫多制造一些可以躲藏的地方。自慰的猫跑来撒娇的话，多摸摸它，多给它一些亲近的机会。处于优势地位的猫要自慰的时候，人可以干涉一下，带它去做游戏，让它有充分活动身体的时间。

　　此外，做过绝育手术的公猫还会表现出性行为，是由于单侧隐形睾丸引起的性激素分泌，或者是由于肿瘤等引起的性激素分泌过剩造成的。

公猫

公猫

同性的猫咪之间互相自慰可能是因为性欲不满，也可能是亲近和玩耍、炫耀自己的优势地位，以及性激素分泌异常等种种原因。

如果不进行绝育，猫的数量会增加多少？

有一项叫作"任猫自然繁殖会怎样"的统计。设置如下的前提条件：1 只母猫 1 年交配、生产 2 次，平均每次有 2.8 只小猫生存下来，其中的母猫大约 6 个月以后性成熟，再和其他的公猫交配，同样平均每次有 2.8 只小猫存活……当然，实际上猫的数量是无法这样单纯计算，但以上条件得出的结论是 **10 年后 1 只母猫会有 8000 万以上的后代。**

考虑到猫自身遇到的危险（交通事故、猫之间的争斗和感染、失踪、虐待）和给近邻带来的麻烦，猫在室内饲养最为理想，如果是让猫自由出入的情况，为了不增加不幸的小猫，一定要给家猫做绝育手术。

猫完全在室内饲养的情况下，如果不希望它交配的话，最近也有很多主人让猫咪接受绝育手术。绝育手术不但可以防止幼猫的出生，还能预防与激素有关的生殖器病变（子宫蓄脓症、乳腺肿胀、精巢或卵巢肿胀等），排除发情期肉体和精神上的压力，让猫咪安稳地生活，有着许许多多的好处。

特别是公猫经常喷射尿液、逃跑、大声叫嚷、和其他公猫打架等给主人带来麻烦的行为会减少，性格也会变得沉稳许多。**而不做绝育手术则几乎没有好处。**

但是，做过绝育手术以后猫咪必需的能量就会减少，有必要注意如果保持以前的喂食量的话，有可能导致肥胖。

从一只母猫……

1年后	12只
2	66
3	382
4	2201
5	12680
6	73041
7	420715
8	2423316
9	13958290
10年后	80000000只以上

如果放任猫自然繁殖，猫的数量就会迅猛增长。

出自：巴伐利亚州动物保护联盟

COLUMN 04

专栏 4 猫进入高龄的标志是什么？

　　和人一样，猫也从进入中老年以后的 7 岁，就会产生"老了啊"的变化，身体和行为上都会出现变化。即使是看起来比较年轻的猫，**在进入高龄的 11 岁左右开始，也会出现许多衰老的表现**。比如视力、听力、嗅觉衰退，皮肤弹性降低，皮毛也会出现变化（毛发光泽度降低、变薄、变白）。眼屎和口水变多，牙周病恶化，牙齿脱落，指甲松脱，不太爱玩猫抓板，导致指甲长得很长。内脏老化、脏器衰竭和免疫力下降也在所难免。

　　肌肉减少，关节衰退，爆发力下降，一直以来能跳上去的地方也开始力不从心，偶尔还会赶不及上厕所大小便失禁。舔毛、磨指甲的时间及运动量减少，睡觉的时间增加。还会出现昼夜周期颠倒，半夜里无缘无故地发出叫声，忘记厕所在哪里，忘记自己吃过饭又向主人要食物等认知机能障碍的症状。15 岁左右进入老龄期以后，老化的表现会更加明显。

　　随着年龄增长，猫的基础代谢降低，如果和小时候一样喂食，容易导致肥胖。因此，猫的肥胖多见于 4～10 岁（特别是 6～8 岁）期间。虽然如此，有报告显示健康的猫过了 11 岁以后也会趋向消瘦，进入老龄期以后体重进一步减少（每两只猫里就有 1 只过于消瘦）。相比肥胖，**消瘦才是老化的真正标志**。

第 5 章

揭开猫咪身体的秘密

蹑手蹑脚～　静悄悄～

猫的身体为什么很柔软？

猫虽然体型较小，身上的骨头却比人还要多 40 块左右，由 240 块左右的骨骼构成，肌肉的数量则大约是人类的 2 倍，达到 500 块以上。

猫的脊椎从前到后由颈椎(7 块)、胸椎 (13 块)、腰椎 (7 块)、骶椎 (3 组) 和尾椎 (14 ～ 28 块)，总共大约 50 块椎骨连接组成。顺便一提，人的脊椎由颈椎 (7 块)、胸椎 (12 块)、腰椎 (5 块)、骶椎 (5 组) 和尾椎 (3 ～ 6 块)，总共大约 33 块椎骨组成。

猫的胸椎和腰椎比人类还要多，所以和人类比起来，脊背也要长得多。椎骨和椎骨之间起着缓冲作用、由软骨组成的椎间盘形成一种关节，各个椎骨把这些关节和韧带连接起来。**连接猫的椎骨的关节非常灵活，韧带也非常柔韧。**

比起除尾椎以外脊椎的数量相同的狗，猫的脊椎特别是胸椎和腰椎特别富有柔软性，背骨可以像画弧线一样柔软地弯曲。狗从前往后数，排在第二块的第二颈椎和第一胸椎被有弹性的韧带牢牢地固定着，而猫没有这根韧带，这是猫的脖子动作柔软的重要原因。

此外，构成骨骼肌的是一种可以自行活动的，被叫作随意肌的肌肉。猫的随意肌和肌肉纤维 (肌肉细胞) 和周围的结合组织很缓和地黏合在一起，收缩性强，非常柔软。

猫的身体如此轻巧而富有柔软性，无论怎么说，**脊椎的柔软都是猫能妖娆作态的重要原因。**

🐾 猫的脊椎

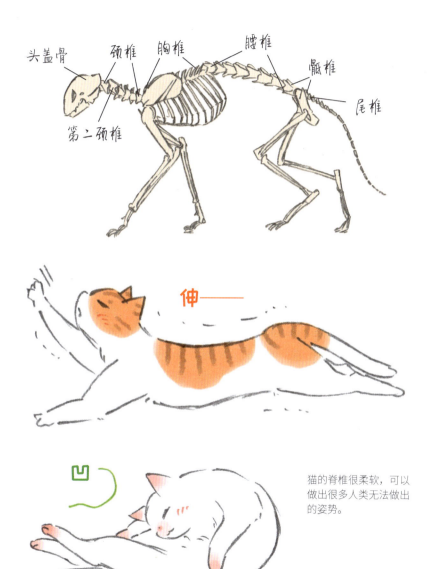

头盖骨　颈椎　胸椎　腰椎　骶椎　尾椎　第二颈椎

伸

猫的脊椎很柔软，可以做出很多人类无法做出的姿势。

猫毛的种类有哪些？

虽然又细又软的毛常常被叫作"猫毛"，但猫的体毛其实是由又长又直的**"保护毛"**（guard hair）和较短的"下层绒毛"组成。下层绒毛比保护毛细，毛发分为尖端略微变粗、毛尖弯曲尖锐的**芒毛**（awn hair）和毛茸茸的、最细的、有一些波浪的**柔毛**（down hair）。

通常 1 个毛囊有 1 根保护毛和数根下层绒毛，1 个毛孔内长着数根毛发。猫的皮肤上每平方厘米有 100～600 个这样的毛孔，毛的根数根据猫的品种和身体部位有很大差异。

保护毛是生长在最外层的最硬、最长的（直径约为 0.05～0.08 毫米）毛，它决定了猫的毛色，其重要作用在于防止皮肤受到紫外线照射和刺激，在毛囊附近的皮脂腺中分泌的油脂的帮助下排除水分，让皮毛保持干燥清洁的状态。

紧贴在皮肤上、最软最短的软毛（直径约为 0.02 毫米），可在热的时候隔热、冷的时候保持空气层的保温效果。柔毛是占到全部体毛的比例最多的毛茸茸的毛。芒毛的长度、粗细和硬度在保护毛和柔毛之间，并且和保护毛一起决定猫的皮毛花纹，也有保护皮肤和隔热、保温的作用。

每个毛囊里有一种叫作**立毛肌**的小肌肉，威吓时（18 页）或寒冷的时候，立毛肌收缩，毛发倒竖。猫的生长周期、3 种毛的比例根据猫的品种和出生地大相径庭，比如长毛种挪威森林猫等在寒冷地带出身的猫，有保温效果的柔毛较多。相反，短毛种暹罗猫等在热带地区出生的猫身上几乎没有柔毛。据调查，平均来讲，短毛的杂种猫保护毛、芒毛和柔毛的比例大约是 1 ： 15 ： 25。

毛质也有个体差异，短毛种的猫毛触感较硬，有的猫摸起来有点扎手，有的却软软的、毛茸茸的。软绵绵的毛也会随着年龄增长毛质变化，毛的数量减少，舔毛的次数也变少，毛变得比较蓬松。

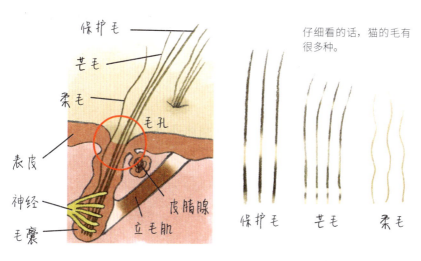

仔细看的话，猫的毛有很多种。

暹罗猫（左）和挪威森林猫（右）。

猫惊人的弹跳力有什么秘密？

看到猫咪毛茸茸、软绵绵，总是在睡觉的样子，很难想象猫会突然展示它非凡的弹跳力，把人吓一跳。

猫可以从蹲坐的状态一鼓气地把后腿像弹簧一样伸长，助跑之后对准目标，跳到自己身高4～5倍的高度（1.2～1.5米）。在人类世界，跳高的世界纪录大约是身高的1.3倍（跑跳），猫的身高只有80厘米，可以说**每一只猫都能轻易打破人类的世界纪录**。

这种强力的跳跃是后肢强韧的肌肉和腱，以及柔软的背部和关节动作精巧配合的结果。起跳时的速度越高，跳跃力越大，而这个速度主要和**后肢的长度及肌肉大小**有关。

虽然猫蹲着的时候看不到，但体重4千克的猫后肢完全伸展时平均长约28厘米。如果不包括尾巴，体长（鼻尖到尾巴根部的距离）平均是50厘米，后肢的长度是体长的一半以上，可以看出腿意外的长。

跳跃的时候，伸展骨关节的肌肉、伸展膝关节的肌肉、伸展足关节的肌肉分外重要。后肢长度越长，以及这些后肢的肌肉越大，起跳时的速度越快，也就跳得更高。

因此，肌肉量较少、脂肪较多、体型偏胖的猫，还有随着年龄变大，关节硬化、肌肉量减少的高龄猫，弹跳力会逐渐衰退。

猫确定目标以后视线专注，从蹲坐的姿势起跳之前会放低腰部，瞬间大力蹬地，就像把上半身推上去一样向着目标跳去。

但是，猫没有定下目标而感到恐惧的时候也会在原地往上跳。恐惧的时候甚至会不确认身后就突然往后跳，需要注意猫咪向后跳的时候，不小心撞上什么东西。

猫的弹跳力非常惊人。确定目标后，后肢像弹簧一样一口气跳起。

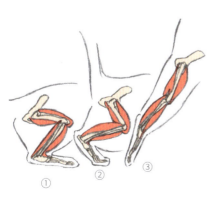

① 蹲坐状态。
② 抬起上半身起跳的瞬间。
③ 身体和后肢完全伸展的状态。

猫的后肢意外的长。

为什么从高的地方掉下来也能安全着陆？

猫从高的地方掉下来的时候，一般来想的话，猫身体纤细，比四肢要重，感觉会从背后实实地落在地上。但是，猫就算从稍微高一点的地方仰面掉落，也几乎都可以在半空中反转身体，改变朝向，平安地用四肢落地。就算从后背下落，猫也首先会瞬间把头扭过来面朝地面，前肢缩在脑袋旁边保护面部。

接下来上半身跟着头部动作扭转，紧跟着落下的后半段时间把身体翻转过来，后肢收起。用上劲的尾巴像螺旋桨一样保持平衡的作用，四肢则像鼯鼠一样伸展开来，增加空气阻力。

即将落地的时候，为了缓解冲击，弓起背部，采取四肢分开的落地姿势，使得冲击力分散。当然，肉垫在落地时也起到了一定吸收冲击的作用。

可以说猫**灵活地利用了从头到尾全部的神经，拥有瞬间更换姿势的反射神经**。这样的反射神经是与生俱来的，小猫出生后 6 ～ 7 周，就已经能这样起死回生了。

猫的这种死里逃生，不只对生理学家，对许多物理学家来说也是一个大谜题，从 100 多年以前开始就是人们研究（回转运动的运动量）的对象。1960 年，研究人员已经计算出，猫翻身的时间为八分之一秒，就算从短短 8 厘米高的地方仰面掉下来也能四肢着地。

此后，为了探明猫翻身时哪个感觉器官最重要，研究人员分别用蒙住眼睛、没有尾巴、天生没有内耳听不见声音的猫进行实验，测试它们能否翻身。因为猫的内耳控制着猫的平衡感和方向感，内耳中有拥有敏锐的高度感的三半规管，研究人员认为这些都起着重要的作用。

实验结果显示，蒙住眼睛的猫落地有些惊险，没有尾巴的猫、耳朵听不见的猫都安然无恙。但是，耳朵听不见的猫蒙住眼睛的话，就会扑通掉在地上。

可以说，猫翻身是小巧的身体和柔软的骨骼、视觉、出色的平衡感，以及敏捷的反射神经、运动神经等全部要素组合在一起才成功的。

猫从高处落下也能调整姿势四肢落地。

像鼯鼠一样滑翔。

猫的高楼症候群是什么？

猫的**高楼症候群**（Feline high-rise syndrome）是猫从高层公寓的窗户或阳台掉落时所受外伤的名称。最近，因为高楼症候群而不得不住进动物医院的猫越来越多。

欧美的动物医院里有接受过高楼症候群治疗的猫的统计数据。根据这个数据，我们发现掉落事故多数发生在玩得入迷、容易受刺激（小鸟等）、好奇心旺盛、2岁之前的小猫身上，频繁发生的时期则是春天到秋天之间（特别是夏天）。

报告显示，接受治疗的猫掉落的平均楼层是3～5层，四肢骨折、脱臼，胸部和头部外伤，惊吓等症状较多。

比人更慢的终端速度是重点

下落的物体受到空气阻力，最终会停留在一定速度上，这个速度叫终端速度。猫的体型比人类小，因此平均每个单位的体重对应更大的表面积。因此掉落时的空气阻力变大，相对于**人的终端速度为时速大约190千米，猫的终端速度为时速约100千米**。

猫从建筑物的5～6层下落的话，会达到这个终端速度，所以从比这更高的地方掉下来也毫发无伤的真实故事不在少数。2012年3月，有一只幸运的小猫，从波士顿的一栋高层建筑的19层（约60米高）掉落却完全没有受伤，一时成为话题。

纽约动物医院的统计报告这样说，"猫的负伤率随着掉落层数的增高而变高，但到达 7 层以上的高度后反而会降低"。这或许是因为下落时达到终端速度以后，猫略微放松，可以游刃有余地调整姿势。

但是，来自克罗地亚和希腊的动物医院的统计却显示，层数越高，特别是达到 7 层以上以后负伤率会变高。

也有从 2 层掉落以后死亡的猫

虽然公开数据显示，每家动物医院治疗过的猫 90% 以上都活了下来，实际上从中等高度（2 ~ 5 层）掉落以后，在动物医院接受治疗的猫数量最多，从高处掉落接受治疗的猫的数量本身就少，因为也有可能当场死亡，而没有送入动物医院。

掉落之后是否安然无恙，猫与猫之间也有个体差异，不光是掉落的高度，根据落地地点条件（水泥或草坪等）的不同，也各不相同。

不管猫多么擅长空翻，实际上也有不慎从公寓 2 楼左右的窗户或阳台掉下去骨折并死亡的情况。因此一定要装防止掉落的网，以免发生事故。

猫虽然喜欢高的地方，但也并没有自发地想从高处飞下去。作为证据，许多猫被狗追赶的时候，会不自觉地爬到树上然后下不来，需要借人的胳膊才能慢慢爬下来。

为什么猫能通过狭窄的地方？

猫的胸部有 13 块胸椎，胸椎连接的肋骨和胸骨形成胸腔。

猫的锁骨在胸骨前方两侧，是一组长约 2 ～ 5 厘米、稍微有些弯曲的细长骨骼，没有跟肩胛骨以及其他任何骨骼相连接，是浮在空中的状态。锁骨仅仅靠肌肉支撑，因此没有大的作用。

顺便一提，狗的锁骨比猫的更加退化，是一组长度只有 1 厘米，宽约 4 毫米的小巧骨骼。有的像猫的锁骨一样以悬浮的状态存在，有的已经完全退化无迹可寻。

猫和狗的肩胛骨都是薄而平坦的三角形骨骼，位于胸部两侧，纵向（稍微有些倾斜）被肌肉支撑。

猫的肩胛骨和人的肩胛骨大不相同

人的肩胛骨位于后背中间，横向张开。锁骨的外侧一端和肩胛骨、上臂骨连接，锁骨的内侧一端和胸骨连接。也就是说，因为锁骨的存在，肩部保持着脱离胸廓的位置。

另一方面，由于**猫的肩胛骨只靠着肌肉和身体侧面相连**，配合上臂骨的动作，可以一定程度地前后、上下甚至横向活动。而且猫的肋骨构成的胸廓不像人的一样左右扩张，而是细长状。

由于这种身体构造，猫能够通过任何只要它伸得出脑袋的地方。

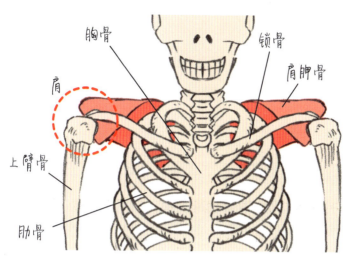

胸骨　　肩　　上臂骨　　肋骨　　锁骨　　肩胛骨

人的肩胛骨与锁骨、上臂骨相连接。锁骨和胸骨相连。

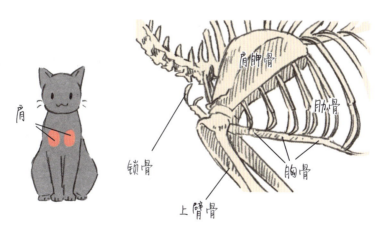

肩　　肩胛骨　　肋骨　　锁骨　　胸骨　　上臂骨

猫胸部的骨骼。锁骨退化，不与任何骨骼连接。

83 为什么猫比狗更擅长"喵喵拳"？

猫和狗胸部的骨骼构造基本相同，但是猫可以用两只手去抓东西，挥出迅疾的"喵喵拳"，比起狗狗能够更加灵活地使用前肢。

狗的话不同的品种、体型大小也有很大差异，但一般来说猫的骨骼比狗更轻，特别是构成四肢的细长骨骼比狗的更直。而且，**猫的骨骼肌比狗的收缩速度快，瞬间爆发力更加出色。**这是因为猫的身上爆发力好的快肌（白肌）多于收缩速度慢但持久力好、不容易累的慢肌（红肌）。

相对于狗的肩胛骨由许多肌肉和腱固定，猫的肩胛骨则较为灵活地固定在身体侧面。而且，狗的肩关节由从内侧和外侧两个方向的韧带牢牢固定着。由于这种构造，猫和狗的手肘和手腕动作的角度基本相同，但**肩关节的动作则是猫的更为灵活。**

狗的肩关节可以在前后 125 ～ 145 度的范围内活动，而猫的可以达到 170 ～ 190 度。横向的话狗的肩关节可以活动 80 ～ 100 度，猫的可以活动 100 ～ 120 度。猫可以保持头和背骨几乎不动接近猎物、快速奔跑，这是因为肩胛骨可以随着上臂骨一起，前后、上下大幅度流畅地运动。

猫和狗走路的时候，前肢都要负担一半以上的体重，比起猫来，狗的前肢负担的体重更多，这也是猫的前肢更加灵活的重要原因。当然，更不用说伸缩自如的指甲也是让喵喵拳如虎添翼的绝佳武器。

🐾 狗的骨骼

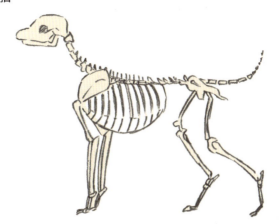

🐾 猫的骨骼

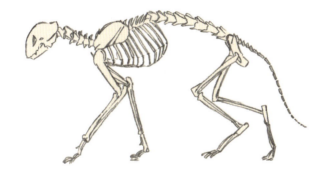

上图是猫和狗骨骼的差异。
猫的关节比狗更灵活。

喵喵拳！

猫非常擅长喵喵拳。

猫的指甲是伸缩自如的吗？

猫的指甲是捕捉猎物和打架时的武器，也是爬树时不可或缺的工具。另外，在悄悄靠近猎物的时候，猫不得不收起指甲，不发出一丁点儿声音。

猫的指甲和人的指甲构造完全不同，和手指最前端的骨头相连。连接指甲和指骨的腱和韧带张开，通过收缩和舒张的机制，能够**自如地伸缩**。

指甲平时是被收起来的，猫可以按自己的意愿把它伸出来。和脚趾向内弯曲时用力的肌肉（屈肌）相连的肌腱被拉伸到完全张开的状态，如同锋利的刀刃般的指甲就会从左右两只爪中同时弹出。

相反，当屈肌处于舒缓状态时，连接脚趾的第一节和第二节骨骼的像橡胶一样富有弹性的韧带就会让这两节骨头重叠起来，自动收起指甲。

猫必须要磨指甲

想让指甲一直保持锋利的状态，就少不了打理。猫的指甲由内侧的血管和神经相通的部分和外侧好几层重叠的鞘状部分组成。

原来，猫是把前肢的指甲利用爬树和抓东西打磨，后肢的指甲用牙齿咬来把旧的、已经变硬的外层剥下来，露出新的、尖锐的指甲。家里有时落着像是指甲脱皮一样的壳就是这个原因。

　　除了打理指甲、磨指甲的同时，肉垫中的汗腺和指间的皮脂腺分泌的自己的气味（信息素）蹭上去标记，还有缓解紧张和压力的作用。

　　养在室内的猫一般如果给它用心地准备好几个磨爪子的地方，让它自己磨就好了，但是不知道为什么，也有一些不认真磨爪子的猫。特别是猫到了高龄不但磨爪子会偷懒，指甲本身也比较难脱落，**需要定期检查爪子的情况**。

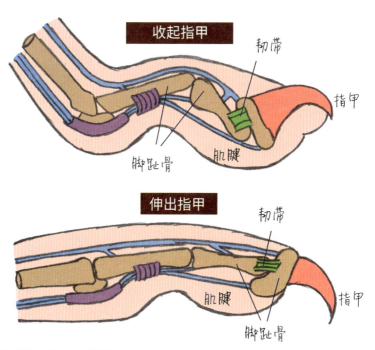

上图是猫指甲的构造。猫的指甲伸缩自如。

猫步的秘密是什么？

把猫和人手脚的骨骼做比较，我们可以发现猫把体重落在脚趾上，是踮着脚走路的。这种走路方式的特点是不但安静，而且可以走得很快。像缓冲垫一样吸收声音的肉垫，伸缩自如的指甲，都对猫可以不发出一点声音地走路起到一定作用。猫根据走路或跑步的速度，四肢有很多不同的动作方式。

用四肢走路的动物，一般都是右前脚和左后脚为一组，同样左前脚和右后脚为一组，几乎同时从地面抬起或着地的**斜对步**，或者是右前脚和右后脚、左前脚和左后脚同时抬起的**侧对步**。但是，观察猫的走路姿势的话，很多人都是一头雾水，"不知道到底是哪一侧……"。实际上，猫的走路方式在书上既被解释为斜对步，又被解释为侧对步。这也应当如此，因为猫的走路速度变化时，四肢的动作也会变化，不同的猫也有自己的个性，不能一概而论。

猫的走路方式基本上是侧对步，但实际上后脚和前脚落地时明显错开一拍，哪两只脚都没有同时着地，既不能说是斜对步，也不能说是侧对步（一般走路的时候）。以后脚为基准观察慢动作，发现后脚向前踏出时，同一侧的前脚正在准备，也就是说，猫是以左后脚、左前脚、右后脚、右前脚的顺序落地的（A）。像这样，猫脚一只一只地落地，所以身体几乎不会上下晃动，在狭窄的地方也走得游刃有余。这种走路方式乍一看像是斜对步，所以有的书就按斜对步说明。在蹑足悄无声息地接近猎物时，四肢的动作也是这样。猫像忍者一样放低身体，四脚按次序落地，不发出一点声音。

快步走的猫是完全的侧对步。也就是右前脚和右后脚，左前脚和左后脚分别同时抬起和下落（B）。然而，随着走路的速度变快，有安定感且不容易疲惫的斜对步就会变多（C）。

速度继续加快，猫全力奔跑的时候，左右后脚几乎同时迈出，感觉在跳跃一样，把背骨大幅度地向前伸出，带动整个身体（D）。而且，无论迈到前方的左右前脚是否落地，后脚都会在前脚的前方落地，弓起背部准备下一次起跳。比起四脚接触地面的时间，在空中的时间反而更长，猫在短距离用这种跑法全力奔跑的时候，时速可以达到48千米——也就是**7.5秒跑100米**，大大超过了人类9秒左右的百米世界纪录。

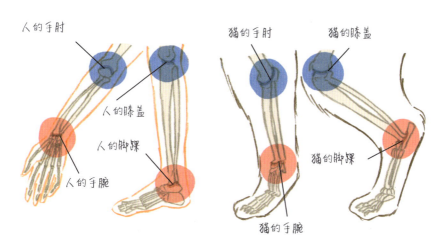

上图是猫和人的手肘、手腕、膝盖及脚踝位置的区别。猫是用脚尖走路的。

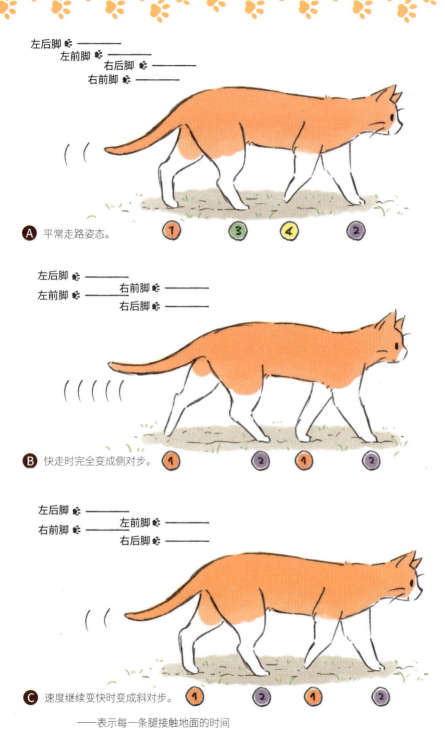

左后脚 🐾 —————
　左前脚 🐾 —————
　　右后脚 🐾 —————
　　右前脚 🐾 —————

Ⓐ 平常走路姿态。

① ③ ④ ②

左后脚 🐾 —————
左前脚 🐾 —————
　　右前脚 🐾 —————
　　右后脚 🐾 —————

Ⓑ 快走时完全变成侧对步。

① ② ① ②

左后脚 🐾 —————
右前脚 🐾 —————
　　左前脚 🐾 —————
　　右后脚 🐾 —————

Ⓒ 速度继续变快时变成斜对步。

① ② ① ②

—— 表示每一条腿接触地面的时间

蹑手蹑脚～　　静悄悄～

放低身体，用斜对步靠近。

D　全力奔跑时，两条后腿跃起，像跳跃一样奔跑。

86 肉球是做什么用的呢？

首先，虽然一概称之为肉球，但是其中，位于前肢 5 个指甲的地方的肉球叫作**指球**，位于正中央的大肉球叫作**掌球**，稍微上一点、位于手腕内侧的小肉球叫作**手根球**。后肢上没有手根球，但是 4 个指甲的地方有**趾球**，正中间较大的叫**足底球**。猫的肉球上弹弹的部分由含有大量的弹性纤维的结合纤维和脂肪组成，表面被一层厚厚的角质层形成的皮肤覆盖。

看起来软软的、让人特别有摸一下的欲望的肉球，不只是卖萌的利器，还有**许多实用的功能**。

体表皮肤上存在一种感受各种各样的刺激，比如触摸（触觉）、温度（热冷）、疼痛等的感受体，通过感觉神经将其信息传达到大脑。猫的触觉比起人类并没有那么敏锐，对人来说热过头的温室里，猫也能待很长时间。

敏感的肉球是高性能的感应器

但是猫的肉球和面部（特别是鼻子）存在大量这样的感受器，所以肉球要比身体的其他部位敏感得多。猫咪遇到见所未见的奇妙物体以后，通常会先用手（肉球）轻轻触碰，然后再摸得稍微重一点，看看这到底是个什么东西。接下来再用鼻子靠近。走路的时候，位于肉球中的感受器也在不断地向大脑输送信息。

多亏了肉球的存在，猫才能在靠近猎物的时候不发出一点声音，跳起来着地的时候肉球变成缓冲垫，大大地缓解了冲击。踮着脚接触地面的面积少的话，速度就能提高，需要降低速度的时候，只要增加肉球的表面积，就能起到刹车的作用。

此外，猫的身上没有**汗腺**，但肉球中有，天气炎热的时候和紧张之后就会流汗。猫在不平稳的地方走路的时候，沾湿的肉球起到防滑的作用。

此外，肉球的颜色多种多样，通常和鼻子以及皮肤的颜色、毛色的深浅和花纹等有关系。幼猫时期分外柔软的肉球也会随着年龄变得坚硬粗糙，特别是经常外出，在硬邦邦的地面上行走的猫的肉球，受到一定程度的锻炼以后变得很结实。

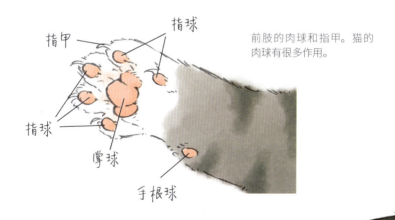

指甲　指球

指球

掌球

手根球

前肢的肉球和指甲。猫的肉球有很多作用。

趾球

足底球

趾球

后肢的肉球。后肢没有手根球，只有 4 根脚趾上的 4 个趾球和位于正中间的叫作足底球的肉球。

猫的前脚为什么会长胡须？

猫的前脚后侧，手根球上方，明显长着几根较长的毛发（大约6根左右）。这些毛是和猫的感觉器官——胡须一样的**触毛**。胡须可以感知空气微弱的流动，发现障碍物，还有一口咬住猎物时瞬间判断方向的作用（参考8页）。

"手的胡须"由自律神经系统控制，虽然无法像脸上的胡须一样按自己的意愿活动自如，但可以通过分泌神经传导物质——肾上腺素提高感受度，**狩猎的时候这些胡须会敏捷地做出反应**，发挥作用。

以前，有一种说法认为手的胡须是用来把握老鼠窝的大小，以及把手伸进窝里以后迅速发现老鼠的。但是现在认为，用手抓已经捕获的猎物时，猎物藏在手底下看不见，因此手的胡须有迅速"看到"猎物的哪个部位在怎么动的作用。

特别是判断按在掌下的猎物死了没有，在猎物突然乱动时瞬间发现，防止猎物逃跑才是最重要的功能。

当然，"手的胡须"在黑暗中行走、爬树以及落地时，可以通过接触地面，迅速感知地面的障碍物。

此外，"手的胡须"还是灾害发生之前的警戒系统。比如有这样一种说法："手的胡须和肉球中感受刺激的感受器一起，能比精密仪器更为迅速地检测到地震微弱的晃动。"不过其真伪还尚未有定论。

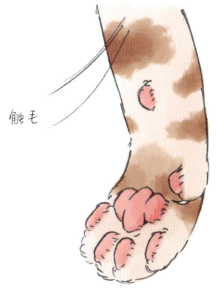

触毛

前脚后侧、手根球上方的地方，
长着数根和胡须一样的触毛。

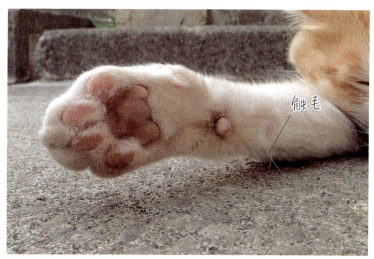

触毛

可以看到触毛生长在手根球的上方。

猫有自己找回家和找到主人的能力吗？

从现在算起大约 60 年以前，有一只叫糖果的波斯猫在主人从加利福尼亚州搬到俄克拉荷马州时，不幸在加利福尼亚州走失。但是，大概一年以后，糖果却突然出现在已经搬到俄克拉荷马州的一家人面前。

这个故事至今还为人津津乐道。糖果从来没有去过俄克拉荷马州，却独自跋涉了 2400 千米以上的距离，回到家人的身边。

很多人从主人想见猫咪的强烈愿望，怀疑这一家人只是把另一只猫当成了糖果（因为有很多同一品种或是毛色一样的猫），糖果生下来就有的骨关节骨骼的变形部分无法成为决定性的证据。

就算距离没有这么远，猫咪经过远距离跋涉终于回到主人身边的真实故事，至今为止屡见不鲜。猫真的有从很远的地方回到家中的**归巢能力**和**寻找自己的主人的能力**吗？

猫也利用地球磁场归巢

人和动物通过五感（视觉、听觉、嗅觉、味觉、触觉）感知外界的刺激，而许多动物还有着一种可以称之为第六感的感知地球磁场的**磁感力**。感知磁场的生理机制还没有完全得到解释，但比如候鸟迁徙的能力，还有许多动物在地震等灾害来临

时，能够感知地磁的微妙变化，提前预知灾害的能力，这些应该都和这种感知能力有关。

几乎所有的猫都可以利用视觉、听觉、嗅觉等，将 5 千米以内的行动范围，在头脑中制造出一种类似地图的东西，牢牢地记住每一个地方。如果超过这个距离，就会通过感知地球磁场确定到达目的地的正确方向。猫的体内也有像罗盘一样的感知磁场的能力，给猫身上带上磁石以后，猫的归巢能力就会被打乱的实验也证明了这一点。

虽然如此，也有许多猫就在家附近不幸迷路，所以说这种能力也有很大的个体差异。

是否存在现代科学无法说明的力？

有些学者认为动物身上还有一种超越了第六感的、科学无法证明的超感知觉——第七感。英国的生化学家鲁伯特 · 谢尔顿认为，如果宠物和人之间存在很强的精神羁绊，就会产生一种叫作形态形成场的，包含过去记忆、超越时间和空间的联系，就算离开以后也会互相影响。

主人察觉在归途中的猫或者狗（不用五感），宠物预知主人的疾病或死亡，或者从非常遥远的地方回到主人身边，这位学者都用这种超感知觉来解释。

虽然无法用科学证明，但反过来正因为这些无法用科学证明的事例，让我们无法否认这种能力的存在。

有能够预知人类死亡的猫吗？

喜欢猫的读者，大概都对一只拥有特殊能力的叫作"奥斯卡"的猫有所耳闻。奥斯卡从小被遗弃之后，2005 年就一直在美国东海岸的罗得岛州的一家疗养院里作为职员之一，住在这座建筑物的 3 层。

平时并不怎么黏人的奥斯卡，每天在重度老年痴呆患者最多的 3 楼来回巡视，等待房门打开以后，就跳上床在患者身边抽动着鼻子嗅气味。但是，如果是预感到患者的死亡，就会静静地待在一旁。奥斯卡**能够提前大约 4 小时预测患者的死亡**。

奥斯卡见证第十三位患者的死亡时，一直都持怀疑态度的医师和职员再也不怀疑奥斯卡不可思议的能力了，马上把奥斯卡陪伴的病患家人叫到身边。在奥斯卡的帮助下，许多患者在医师也难以预测的人生终点，得到了家人的陪伴。

猫是通过某种气味预言"即将到来的死亡"的吗？

负责这家疗养中心的大卫·德萨是一位并不喜欢猫的医师，在 2007 年将奥斯卡不可思议的能力发表到医学杂志上以后，奥斯卡的名字传遍了全球。

发表在医学杂志上的是一篇中间插满了奥斯卡平时在疗养中心里的照片，还不到 2 页的文章，完全没有涉及任何详细的数据和奥斯卡拥有的能力。但是一只埋头完成使命的猫——奥斯卡的存在，却吸引了很多的人。

德萨医师后来说道，奥斯卡嗅患者的气味，因此从中**分辨出了患者"死亡的气味"，也就是细胞到了死亡阶段产生的化学物质酮类的气味**。尽管如此，奥斯卡陪伴患者走过生命尽头的原因，仍然是一个谜团。

2010 年，德萨医生执笔写了一本关于奥斯卡的书，这本书被拍成电影，奥斯卡变得更加有名，但是它还和以往一样，直到现在也还是健健康康地在疗养中心"上班"。

惬意的奥斯卡
猫或许有不可思议的能力

出处：steerehouse~Oscar the Cat
http://www.steerehouse.org/shoscar_landing

专栏5 为高龄猫打造舒适的生活环境

猫到了高龄以后，随着视力和运动能力衰退，小时候能轻轻松松跳上去的地方常常遭遇失败。这时候把高度差缩小一些的话，不会伤害猫的自尊心。把猫砂放到没有高度差的平稳的地方，或者多准备几个，降低入口的高度，使之尽量和地板持平，或者把厕所本身做得比猫的体型更大一点，尿到外面的次数就会减少。需要注意观察猫咪排尿和排便的情况。睡觉的时间变长的话，需要注意根据季节调节温度，按照猫咪的喜好多准备几个舒服的睡觉地方。

此外，猫承受压力的能力和对环境的适应能力也会降低。规律稳定的生活能带给它们更多的安全感。应该避免一些带来压力的事件——比如带着猫咪去旅行、搬家或者迎来新的猫咪。有客人将要来访时，一定要给猫咪准备一个任何人都不会打扰的、可以安心地躲藏起来的地方。

和主人羁绊很深的猫，每天需要主人的抚摸照料。一边抚摸猫咪，给猫咪梳理毛发，一边检查猫咪的皮毛、爪子的状况，口腔内、身体上有无肿块等，有助于提前发现疾病。根据状态，给猫咪擦擦眼屎，剪一剪长长的指甲。

猫年龄大了以后，就不能再放任它一天到晚地睡觉了，给它一些精神上的刺激非常重要。花点时间叫叫它的名字，根据猫咪的身体状况，每天花一些时间陪它玩耍，让它活动活动身体。

喵星人心理学小测验

学习了《猫咪心理学》，你是否全部掌握了呢？
完成下面的小测试，检验一下学习成果吧！

哪幅图表示的是正午阳光明媚时猫咪眼睛的状态?

□A. □B. □C.

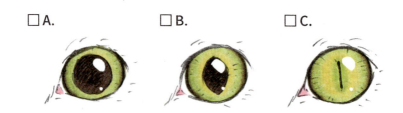

2. 哪幅图的耳朵状态代表猫咪开启了防御模式?

□A. □B.

□C. □D.

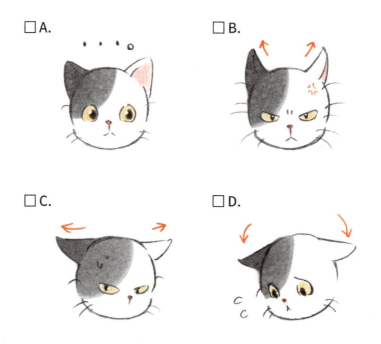

3. 哪幅图的尾巴状态代表猫咪想跟你打招呼？

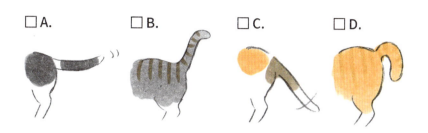

☐ A. ☐ B. ☐ C. ☐ D.

4. 猫咪在发现猎物时，会发出怎样的叫声？

☐ A. 呼噜呼噜　　　☐ B. 咕咕咕

☐ C. 咔咔咔　　　　☐ D. 喵喵喵

5. 哪个人与中心猫咪的距离表示若人再靠近会攻击的距离？

☐ A. ☐ B. ☐ C.

6. 猫咪一天会在哪种状态下花的时间最长？

□A.　　　　□B.　　　　□C.　　　　□D.

7. 哪只猫咪正处于快速眼动睡眠中？

□A.　　　　　　　□B.

□C.　　　　　　　□D.

8. 猫咪对哪种味道反应迟钝？

☐ A. 酸味　　　　☐ B. 甜味

☐ C. 苦味　　　　☐ D. 鲜味

9. 以下哪项不属于猫草的功能？

☐ A. 吐出毛球　　　　☐ B. 转换心情

☐ C. 补充食物纤维及维生素　　　　☐ D. 可代替猫粮以充饥

10. 以下哪幅图不是猫咪发情期会出现的状态？

☐ A.

☐ B.

☐ C.

☐ D.

·萌宠部·

　　萌宠部自 2014 年起开始专注于宠物类书籍的引进和开发，从宠物饲养到宠物心理等多个维度，深入探索宠物的世界，以及和人类的相处模式等方面。我们力求用活泼、有趣、新鲜和易懂的文字、插图和漫画，阐述科学严谨的知识，展示丰富多彩的宠物世界。今后，我们还将打造更多有关宠物的好玩、实用和潮流的内容。

　　关注萌宠部，开启幸福生活！

《猫咪不是故意的
　　——图解全阶段养猫宝典》

《狗狗不是故意的
　　——图解全阶段养狗宝典》

《萌犬大集合
　　——超人气宝贝犬漫画图鉴小百科》